大学入試

生物の
最重要知識
スピード
チェック

大森 徹 著

文英堂

■「**本当に必要なポイントだけを，出題される形で整理する**」という趣旨で，このシリーズの「生物」は1996年に『大学入試の得点源』の名で誕生しました。以来，予想を上回る大好評を得て，重版，そして改訂を重ね，受験生からは「短時間で実力がアップした！」教員の先生方からも「まとめ方を参考にさせてもらっている」といったお便りを数多くいただきました。

■そういった前作の長所を活かしつつ，新課程を機にさらにパワーアップさせてお届けします。紙面デザインを見やすく一新し，**より実戦に即して最新の内容にアップデートしました。**さらに，単元末・章末に【スピードチェック】【チェック問題】を設け，知識だけでは解けない重要頻出の計算問題を【例題】として取り上げて，解き方のコツがつかめるよう工夫しました。

■この本を最大限に利用して，最も効率的な勉強で，「生物が得意」，そして「生物が大好き！」となってくれることが私にとっての最高の喜びです。頑張ってください!!

著者しるす

第1章 生物の進化

第2章 生命現象と物質

第3章 遺伝情報の発現と発生

1 生命の起源と生物の進化

最重要 1 ★★★

生命の起源までの流れについて、次の3点を押さえておこう！

1 無機物から生命誕生に必要な**複雑な有機物**が生成されるまでの過程を 化学進化 という。

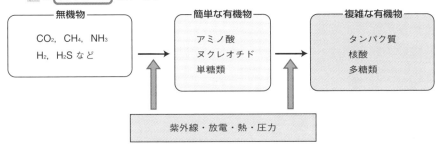

```
  ┌── 無機物 ──┐              ┌── 簡単な有機物 ──┐           ┌── 複雑な有機物 ──┐
  │ CO₂, CH₄, NH₃ │          │ アミノ酸          │           │ タンパク質        │
  │ H₂, H₂S など   │  ──→     │ ヌクレオチド      │  ──→      │ 核酸              │
  │               │          │ 単糖類            │           │ 多糖類            │
  └───────────┘              └─────────────┘               └─────────────┘
              ↑                              ↑
        ┌─────────────────────────────────┐
        │      紫外線・放電・熱・圧力        │
        └─────────────────────────────────┘
```

2 化学進化は**熱水噴出孔**付近で起こったという説が有力。

> **解説** 原始の地球環境下で化学進化が起こりうることを証明した最初の実験は当時の大気を想定した気体の中で放電するものであったが、このほか化学進化が**紫外線**の当たる**海岸の岩石の表面**などで起こったという説や有機物が**隕石**によって地球外からももたらされたという説のほか、材料となる物質と化学反応の起こりやすい条件が揃っている海底の熱水噴出孔付近で起こったという説も有力とされている。

3 生命誕生には**3つの条件**が必要。

① **代謝**を行う能力
  └── 細胞内での化学反応。

② **膜**の形成
  └── リン脂質二重層からなる。

③ **自己複製系**の確立
  └── 遺伝情報を複製。

> **補足** 現在の生物が行う代謝はすべて酵素が触媒として関与しているが、最初の生物は触媒作用を持つRNA（**リボザイム**という）が関与していたという考え方がある。また、現在の生物はすべて遺伝情報として**DNA**を持つが、最初はRNAが遺伝情報を担っていたと考えられる。このように、RNAが遺伝情報も触媒作用も兼ねていたと考えられる時代を**RNAワールド**という。

最重要

2 生物の出現とその発展の大きな流れをつかもう！

← 細かいことは気にしない！

1 生物出現から生物の陸上進出までの流れ

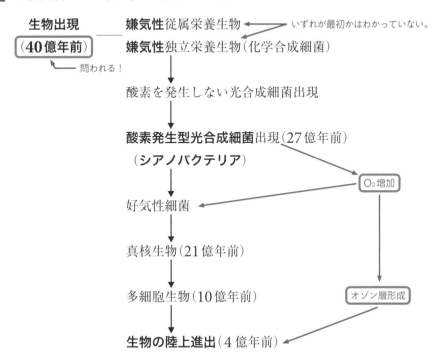

生物出現 ──── **嫌気性**従属栄養生物 ← ── いずれが最初かはわかっていない。

（40億年前） **嫌気性**独立栄養生物（化学合成細菌）

└─ 問われる！

酸素を発生しない光合成細菌出現

酸素発生型光合成細菌出現（27億年前）

（シアノバクテリア）

O₂増加

好気性細菌

真核生物（21億年前）

多細胞生物（10億年前）

オゾン層形成

生物の陸上進出（4億年前）

2 ［**シアノバクテリア**］の出現による**4つの影響**

── シアノバクテリアの遺骸と炭酸カルシウムなどからなる堆積岩

① **ストロマトライト**の形成

② 生じた酸素により海水中の**鉄イオンが酸化**され**酸化鉄**が大量に生成。

　しまじょうてっこうしょう
　⇨**縞状鉄鉱床(縞状鉄鉱層)**の形成

③ 海水中の酸素濃度の上昇により，酸素を用いる**好気性細菌**が出現。

④ 海水中の鉄イオンを酸化し尽くした後，空気中の酸素濃度が上昇。

　⇨［**オゾン層の形成**］（地表面に届いていた有害な紫外線を遮断）

　⇨陸上でも生物が生息できる環境を形成。

★
★
3 共生説については，その**根拠**も問われる。

1 ある生物が他の生物の細胞内に取り込まれて共生することを
　　|細胞内共生| という。

2 **共生説**——**マーグリス**が提唱。

　　{ **好気性細菌**が細胞内共生して**ミトコンドリア**に }
　　{ **シアノバクテリア**が細胞内共生して**葉緑体**に　 }

　　　　　　　　　　　　　　　　　　　　なったという考え。

3 **共生説の根拠**◀—— 論述問題の定番!!次の2つのポイントについて書けばよい！
　　① いずれも独自の**DNA**や**リボソーム**を持つこと。
　　② いずれも**半自律的に分裂増殖する**こと。

★
4 まず**地質時代**の**基本**を押さえよう！

1 **先カンブリア時代→古生代→中生代→新生代**

2 |**古**|**生代**…カンブリア紀→オルドビス紀→シルル紀 →デボン紀
　　　　　　→石炭紀→ペルム紀(二畳紀)
　　① 脊椎動物(無顎類，魚類，両生類，爬虫類)の誕生，両生類の繁栄
　　② 植物と動物の陸上進出(⇨**最重要 5**)

3 |**中**|**生代**…三畳紀(トリアス紀)→ジュラ紀→白亜紀
　　① 爬虫類の繁栄，大型爬虫類(恐竜類)やアンモナイトの絶滅
　　② 裸子植物の繁栄と被子植物の出現(⇨**最重要 6**)

4 |**新**|**生代**…古第三紀→新第三紀→第四紀　哺乳類・被子植物が繁栄。

最重要 5 ★

動物の変遷について は次のポイントを押さえておけば**OK**！

あごのない，やわらかいからだの動物

エディアカラ動物群 繁栄 （**先カンブリア時代**末期）

↓

カンブリア大爆発…三葉虫・脊椎動物（無顎類）出現

（古生代カンブリア紀）

あごを持つ魚類出現 （古生代オルドビス紀）

↓

両生類出現 （古生代デボン紀）

↓

爬虫類出現 （古生代石炭紀）

↓

三葉虫絶滅 （古生代ペルム紀） 古生代の終わり！

哺乳類（単孔類）出現 （中生代三畳紀）

卵生の哺乳類

恐竜繁栄，鳥類出現 ⎫
哺乳類（真獣類）出現 ⎭ （中生代**ジュラ紀**）

胎盤が発達した哺乳類

↓

恐竜絶滅 ⎫
アンモナイト絶滅 ⎭ （中生代白亜紀末期）…**6550万年前**

中生代の終わり！

↓

哺乳類の適応放散 （**新生代**）

古生代

中生代

チェンジャン（澄江）動物群・バージェス動物群

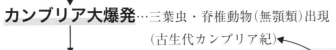

アノマロカリス

植物の変遷については,
化石植物の名称も覚えておこう!

植物の陸上進出　（古生代**オルドビス紀**）

↓

クックソニア　（最古の陸上植物）出現　（**古生代シルル紀**）

↓

リニア　（最古の**維管束植物**）出現

↓

シダ種子植物　（**裸子植物**）出現　（古生代**デボン紀**）
└── ソテツシダ

↓

木生シダの大森林形成　　（**古生代石炭紀**）
└── リンボク，ロボク，フウインボク

↓

木生シダ衰退　（古生代ペルム紀）

↓

裸子植物繁栄　（**中生代**）

↓

被子植物出現　（中生代白亜紀）

古生代

7 次の**重要化石**を覚えよう！

最重要

1 示|準|化石——時代を決める手がかりになる化石

特に重要！

| 三葉虫 |・フズリナ・フデイシ ⇨ 古生代

| アンモナイト | ⇨ 中生代

マンモス・カヘイセキ（貨幣石）⇨ **新生代**

2 示|相|化石——その当時の環境を知る手がかりになる化石

サンゴ ⇨ 暖かい浅い海

8 **陸生化**に関する出題は超頻出！**次の 3 点**をつかめ！

最重要

1 | オゾン層の形成 | によって，地表面に達する | 有害な**紫外線の量が減少** |。
➡ これにより，生物の陸生化が可能になった。

2 植物の変化ベスト **4**

① | 維管束 | の発達。

② **機械組織**の発達。

③ | クチクラ | 層の発達・| 気孔 | の分化。

④ 雄性配偶子が精子から精細胞へと変化➡**受精に水が不要**となった。

3 動物の変化ベスト **5**

① **胸びれ・尻びれ** ⇨ 四肢

② | えら | 呼吸 ⇨ | 肺 | 呼吸

③ 体| 外 |受精 ⇨ 体| 内 |受精

④ **胚膜の形成**

⑤ | 窒素排出物 | が**アンモニア** ⇨ **尿素・尿酸**へと変化

➡ スピードチェック

□ 1 無機物から，生命誕生に必要な複雑な有機物が生成されるまでの過程を何というか。 ➡ 最重要 1

□ 2 1の過程が起こったと考えられている深海の場所を何というか。 ➡ 最重要 1

□ 3 シアノバクテリアの遺骸から生じた堆積岩を何というか。 ➡ 最重要 2

□ 4 シアノバクテリアの光合成で生じた酸素によって鉄イオンが酸化されて生じた酸化鉄によって何が形成されたか。 ➡ 最重要 2

□ 5 好気性細菌の細胞内共生で生じたと考えられている細胞小器官は何か。 ➡ 最重要 3

□ 6 シアノバクテリアの細胞内共生で生じたと考えられている細胞小器官は何か。 ➡ 最重要 3

□ 7 恐竜が絶滅したのは何代の終わりか。 ➡ 最重要 5

□ 8 木生シダの大森林が形成されたのは何代か。 ➡ 最重要 6

□ 9 ある地層について，形成された地質時代を知る手がかりになる化石を何というか。 ➡ 最重要 7

□ 10 その当時の環境を知る手掛かりになる化石を何というか。 ➡ 最重要 7

□ 11 オゾン層の形成によって地表面に達する量が減少したものは何か。 ➡ 最重要 8

解答

1 化学進化　　2 熱水噴出孔　　3 ストロマトライト
4 縞状鉄鉱床(縞状鉄鉱層)　　5 ミトコンドリア　　6 葉緑体　　7 中生代
8 古生代　　9 示準化石　　10 示相化石　　11 (有害な)紫外線

2 ▸ 有性生殖と細胞分裂

9 ▸ 染色体の構造を次の 5 段階で理解しよう！

1 **DNA**が ヒストン に巻きついたものが ヌクレオソーム 。

2 ヌクレオソームが連なった構造が折りたたまれ，規則的に積み重なったものが クロマチン繊維 。

3 クロマチン繊維が何重にも折りたたまれてひも状になったものが顕微鏡下で観察される**染色体**。

4 同形同大の対になった染色体を**相同染色体**という。

> **解説** ふつう体細胞はn組の相同染色体を 2 本ずつ持つので，染色体数は$2n$と表される。このような染色体の組数を 核相 といい，n，$2n$，$3n$などで示す。
>
> **補足** 1 対の相同染色体は，1 本を母親，もう 1 本を父親から受け継いだものである。

5 相同染色体どうしが対合したものを**二価染色体**という。

┗━━ 減数分裂第一分裂で観察される。

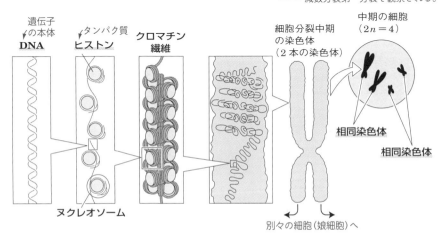

遺伝子の本体 **DNA** / タンパク質 ヒストン / クロマチン繊維 / 細胞分裂中期の染色体（2 本の染色体） / 中期の細胞（$2n＝4$）

ヌクレオソーム

別々の細胞（娘細胞）へ

相同染色体

相同染色体

★★ 最重要 10 | 生殖について，まず次の重要用語を覚えよう！

1 2種類の細胞の合体により新しい個体を生じる生殖方法を **有性生殖** という。細胞どうしの合体を伴わない生殖方法は **無性生殖** という。

└── 分裂や出芽など。

2 生殖のためにつくられる細胞を **生殖細胞** といい，
合体によって新しい個体をつくる生殖細胞を特に **配偶子** という。

3 配偶子どうしの合体を **接合**，接合で生じた細胞を **接合子** という。

4 卵と精子の接合を特に **受精** といい，受精で生じた細胞を **受精卵** という。

★★ 最重要 11 | 体細胞分裂における染色体の挙動を押さえよう！

1 間期（**G₁ 期** → **S 期** → **G₂ 期**）

── DNA合成期。
DNA複製が行われ，
DNA量が倍加する。

2 分裂期（M 期）

① **前期** 核膜が消失して染色体が凝縮し，太いひも状になる。

┌── 紡錘糸(微小管⇨p.57からなる)の集まり。

② **中期** 染色体が紡錘体の **赤道面に並ぶ。**

③ **後期** 染色体が分離し，両極に移動。 ◄── よく問われる。

④ **終期**
{
染色体の凝縮が解除される。

細胞質分裂が起こる。
{
┌── アクチンフィラメントが関与。
動物細胞では細胞膜のくびれによる
植物細胞では **細胞板** 形成による
}
}

| 前期 | 中期 | 後期 |

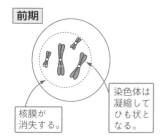

核膜が
消失する。

染色体は
凝縮して
ひも状と
なる。

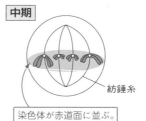

紡錘糸

染色体が赤道面に並ぶ。

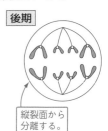

縦裂面から
分離する。

3 間期→分裂期→間期のサイクルを **細胞周期** という。

★★★
最重要
12

減数分裂における染色体の挙動を
押さえよう！

1 間期 （G_1期→S期→G_2期）← ここは体細胞分裂と同じ。

2 第一分裂
① 前期　相同染色体どうしが対合し，二価染色体 を形成する。
　　　　⇨このとき，相同染色体間で乗換えが生じ（この部分をキアズ
　　　　　　　　　　　　　　　　　← 染色体の一部が交換される。
　　　　マという），この結果，遺伝子の組換えが起こる。
② 中期　二価染色体が赤道面に並ぶ。
③ 後期　対合していた相同染色体どうしが対合面から分離する。
④ 終期　細胞質分裂が起こる。
　　　　⇨DNA量は 4 → 2 に半減し，核相も $2n$ から n になる。

3 第二分裂
第一分裂終了後，**DNA複製が行われず** 第二分裂に入る。
染色体の挙動は，**体細胞分裂の場合と同じ。**
⇨DNA量は 2 → 1 に半減するが，核相は $n→n$ で変化しない！
まちがえやすいので要注意！！

第一分裂 前期	第一分裂 後期	第一分裂 終期

乗換え

二価染色体を形成

対合面から分離する。

細胞質分裂が起き核相 n になる。

核相 n

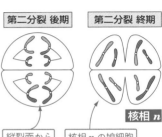

第二分裂 後期	第二分裂 終期

縦裂面から分離する。

核相 n の娘細胞が4個できる。

核相 n

体細胞分裂と減数分裂におけるDNA量の変化を染色体の動きとともにマスターしよう！

最重要 13

1 体細胞分裂

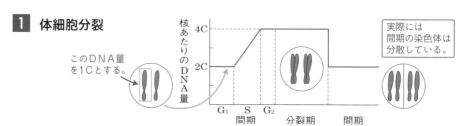

このDNA量を1Cとする。

実際には間期の染色体は分散している。

2 減数分裂

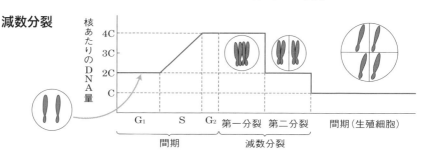

減数分裂の特徴はよ〜く出題される。次の4点の特徴を覚えよう！

最重要 14

1 2回の分裂が連続して起こる。⇨ 1個の母細胞から4個の娘細胞が生じる。

解説 減数分裂は第一分裂と第二分裂からなり，**第二分裂の前ではDNAが複製されない。**

2 染色体数が 半減する 。（核相が半減する）

解説 第一分裂で $2n \rightarrow n$ になる。（第二分裂では $n \rightarrow n$）

3 第一分裂前期 に相同染色体どうしが対合 ⇨ **二価染色体**を形成。

このとき染色体に乗換えが起こり，遺伝子が組換えする。

解説 対合するのは中期ではないので注意！

4 配偶子や胞子を形成するときに行われる。

動物では精子や卵(p.105)，種子植物では花粉四分子や胚のう細胞(p.169)

□ 1 染色体でDNAが巻きついているタンパク質を何というか。 ➡ 最重要 9

□ 2 DNAが 1 に巻きついて生じた染色体の基本構造を何というか。 ➡ 最重要 9

□ 3 染色体のDNAが折りたたまれて生じる, 2 が積み重なった構造を何というか。 ➡ 最重要 9

□ 4 2種類の細胞の合体により新しい個体を生じる生殖方法を何というか。 ➡ 最重要 10

□ 5 合体によって新しい個体をつくる生殖細胞を何というか。 ➡ 最重要 10

□ 6 間期→分裂期をくり返す細胞のサイクルを何というか。 ➡ 最重要 11

□ 7 間期の中でDNAが複製される時期を何というか。 ➡ 最重要 11

□ 8 染色体が紡錘体の赤道面に並ぶのは分裂期のうちの何期か。 ➡ 最重要 11

□ 9 体細胞分裂直後のDNA量を2Cとすると, G_2期のDNA量はどう表されるか。 ➡ 最重要 12・13

□10 相同染色体どうしが対合して形成された染色体を何というか。 ➡ 最重要 12・14

□11 減数分裂において, 10 が形成されるのは第一分裂の何期か。 ➡ 最重要 12

□12 G_1期のDNA量を2Cとすると, 減数分裂第二分裂中期のDNA量はどう表されるか。 ➡ 最重要 12・13

解答

1 ヒストン	2 ヌクレオソーム	3 クロマチン(繊維)	4 有性生殖
5 配偶子	6 細胞周期	7 S期	8 中期	9 4C
10 二価染色体	11 前期	12 2C	

3 遺伝

★★★★ 最重要
15 遺伝に関する**重要用語**をまず押さえよう！

1 染色体上に占める遺伝子の位置を **遺伝子座** という。

2 共通の遺伝子座にある異なる遺伝子を **対立遺伝子（アレル）** という。

3 着目する遺伝子座の遺伝子として

同じ遺伝子（例えばAAやaa）を持つ個体を **ホモ接合体** という。

異なる遺伝子（例えばAa）を持つ個体を **ヘテロ接合体** という。

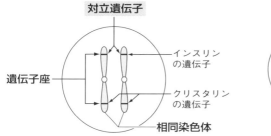

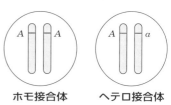

生物が持つ形態や性質の特徴
4 ヘテロ接合体において表現型として現れるほうの形質を **顕性形質** ，

顕性形質に対して，表現型に現れないほうの形質を **潜性形質** という。

5 顕性形質を支配する遺伝子を **顕性遺伝子** ，

潜性形質を支配する遺伝子を **潜性遺伝子** という。

ふつう，顕性遺伝子をアルファベットの**大文字**で，

潜性遺伝子を同じアルファベットの**小文字**で表す。

最重要 16

減数分裂における遺伝子の組み合わせは, 次の**3パターン**に分けて理解すれば**OK**！

※ $AaBb$ という遺伝子型の母細胞から減数分裂で生じる細胞について。

パターン1 A (a) と B (b) が別々の染色体にある（**独立**している）場合

⇨ 生じる細胞の遺伝子型とその比は $AB : Ab : aB : ab = 1 : 1 : 1 : 1$

パターン2 A と B $(a と b)$ が同一染色体にある（**連鎖**している）場合

⇨ 生じる細胞の遺伝子型とその比は $\underline{AB} : Ab : aB : \underline{ab} =$ **多：少：少：多**

パターン3 A と b $(a と B)$ が同一染色体にある（**連鎖**している）場合

⇨ 生じる細胞の遺伝子型とその比は $AB : \underline{Ab} : \underline{aB} : ab =$ **少：多：多：少**

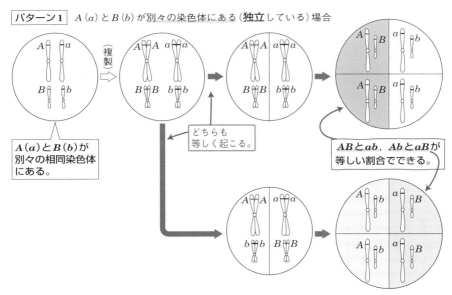

パターン1 A (a) と B (b) が別々の染色体にある（**独立**している）場合

A (a) と B (b) が別々の相同染色体にある。

（複製）

どちらも等しく起こる。

$AB と ab$, $Ab と aB$ が等しい割合でできる。

⇨ 生じる細胞の遺伝子型とその比は

$AB : Ab : aB : ab = 1 : 1 : 1 : 1$ となる。

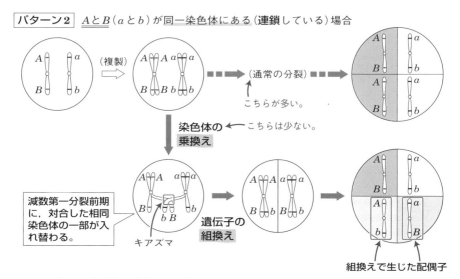

⇨ 生じる細胞の遺伝子型とその比は

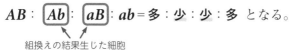

AB : $\boxed{Ab}$: $\boxed{aB}$: ab = 多 : 少 : 少 : 多 となる。

組換えの結果生じた細胞

パターン3 Aとb(aとB)が同一染色体にある(連鎖している)場合

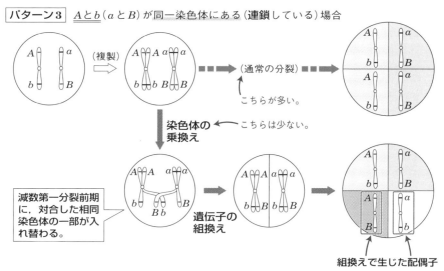

⇨ 生じる細胞の遺伝子型とその比は

$\boxed{AB}$: Ab : aB : $\boxed{ab}$ = 少 : 多 : 多 : 少 となる。

組換えの結果生じた細胞

生じた全配偶子の中で，**組換えの結果生じた配偶子の割合**を**組換え価**といい，次の式で求める！

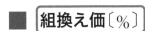
$$組換え価〔％〕=\frac{組換えの結果生じた配偶子の数}{全配偶子の数}×100$$

練習① $AaBb$ から生じた配偶子が $AB：Ab：aB：ab＝9：1：1：9$ のときの組換え価は？

解説 生じた配偶子は**多：少：少：多**の形なので最重要16の**パターン2**である。AとB（aとB）が連鎖しているので，組換えの結果生じた配偶子はAbとaB。よって組換え価は

$$\frac{1+1}{9+1+1+9}×100=10\％$$

練習② $AaBb$ から生じた配偶子が $AB：Ab：aB：ab＝1：7：7：1$ のときの組換え価は？

解説 生じた配偶子は**少：多：多：少**の形なので**パターン3**である。Aとb（aとB）が連鎖しているので，組換えの結果生じた配偶子はABとab。よって組換え価は

$$\frac{1+1}{1+7+7+1}×100=12.5\％$$

検定交雑の結果が配偶子の分離比を教えてくれる。

1 **検定交雑（検定交配）**──注目している形質を持つ個体に**潜性ホモ**の個体を交配すること。
潜性の遺伝子だけ持つ＝小文字ばっかり。↗

例 $AaBb$ に検定交雑をするならば　$AaBb×aabb$

2 検定交雑の結果得られた子の表現型の分離比は，検定個体がつくった配偶子の分離比と同じである。⇨ つまり，**検定交雑の結果生じた子が〔AB〕：〔ab〕＝1：1**であれば，**$AaBb$ から生じた配偶子も $AB：ab＝1：1$** と判断される。

〔AB〕：〔Ab〕：〔aB〕：〔ab〕＝3：1：1：3ならば，$AaBb$ から生じた配偶子も $AB：Ab：aB：ab＝3：1：1：3$

解説 このように両者の分離比が一致するのは，潜性ホモから生じる配偶子abが子の表現型に影響力を持たないからである。

配偶子の比は，次の2通りのどちらかで求めることができる。

---

1 **染色体と遺伝子の関係や組換え価**から求める。

⟹最重要16を使う。

2 **検定交雑**の結果から求める。 ⟹最重要18を使う。

大文字どうし，小文字どうし。　　　　　　同一染色体上にある。

例 題 組換え価と配偶子の分離

　遺伝子が*RrBb*で，*R*と*B*（*r*と*b*）が連鎖し，組換え価が10%のとき，*RrBb*から生じる配偶子の遺伝子型とその比を求めよ。

解説 この問題では組換え価がわかっており，**1**の場合なので，最重要16を使う。

染色体と遺伝子の関係を図示すると $\left(\begin{array}{c}R \mid\mid r \\ B \mid\mid b\end{array}\right)$ となり，最重要16の**パターン2**の場合である。したがって，**RB : Rb : rB : rb＝多 : 少 : 少 : 多**となる。

そして，組換え価が10%であれば⑨のところに10%を代入し，⑧には100%－10%＝90%を代入すればよい。

答 *RB : Rb : rB : rb* = 9 : 1 : 1 : 9

例 題 検定交雑と配偶子の分離

　A（赤），*a*（白），*B*（長），*b*（短）について，*AaBb*を検定交雑すると，子の形質は赤・短 : 白・長＝1 : 1となった。*AaBb*から生じる配偶子の遺伝子型とその比を求めよ。

　　　　　　　この結果から求められる。

解説 この問題では検定交雑の結果がわかっており，**2**の場合なので，最重要18を使う。

まず，配偶子の遺伝子型を決める。検定交雑の結果得られた子の表現型を遺伝子型に置きかえ，赤・短の子については赤→*A*，短→*b*で*Ab*，白・長の子については白→*a*，長→*B*で*aB*とすると，これが*AaBb*から生じた配偶子の遺伝子型である。次に分離比だが，**検定交雑の結果が1 : 1なので配偶子の遺伝子型の分離比も1 : 1となる**。

答 *Ab : aB* = 1 : 1

性染色体と性決定について，次の3点をマスターしておこう！

1 雌雄で共通して対になっている染色体を **常染色体**，

雌雄で組み合わせが異なり性の決定に関わる染色体を **性染色体** という。

2 **性染色体による性決定様式**は次の **4タイプ** がある。

雄の性染色体がそろっていない ―――――――― ○はゼロ（ない）という意味

		雄の性染色体	雌の性染色体	覚えておくべき例
雄ヘテロ型	XY型	XY	XX	ヒト，ショウジョウバエ
	XO型	X	XX	バッタ
雌ヘテロ型	ZW型	ZZ	ZW	カイコガ，ニワトリ
	ZO型	ZZ	Z	ミノガ

雌の性染色体がそろっていない

3 性染色体にある遺伝子による遺伝を **伴性遺伝** という。

例 題 **伴性遺伝－ショウジョウバエの眼の色の遺伝**

　ショウジョウバエの赤眼は白眼に対して顕性で，これらの遺伝子はX染色体にある。白眼の雌と赤眼の雄を交配すると生じる雑種第一代（F_1）の眼の色の表現型はどうなるか。

解説 赤眼遺伝子をR，白眼遺伝子をrとする。ショウジョウバエの性決定様式はXY型なので，白眼の雌は$X^r X^r$，赤眼の雄は$X^R Y$と表すことができる。白眼の雌から生じる配偶子はX^r，赤眼の雄から生じる配偶子はX^RとYなので，これらが受精すると生じる子は$X^R X^r$と$X^r Y$になる。$X^R X^r$は雌で赤眼，$X^r Y$は雄で白眼になる。

　このように，生じた子の雌と雄とで表現型が異なる場合があるのが伴性遺伝の特徴である。

答 雌…すべて赤眼，雄…すべて白眼

★
★ **21** ▶ **染色体地図**は，自分で**作図**できるように。

1 **連鎖群**の数は，配偶子の染色体数(*n*)に等しい。
└→ 同一染色体上にあり，互いに連鎖している遺伝子群。　└── よく出題される。
　　例 ショウジョウバエの染色体数は2*n*=8なので，連鎖群は4つ。
　　　　　　　　　　　　　　　　→ *n*=4 ──

2 **組換え価が大きい** ⇨ **遺伝子間の距離が離れている**。
── このことを利用して，同一連鎖群に属する3種類の遺伝子について
各遺伝子間の組換え価を求め，遺伝子の相対的な位置を調べる(**三点交雑**)。
　　例 遺伝子*a*，*b*，*c*についての組換え価が，*a*―*b*間が10％，*b*―*c*間が2％，*a*―*c*
間が8％であったとすると，これらの遺伝子の位置は次のように推定される。

重要 ──

3 モーガン ；**染色体地図作成**，**遺伝子説提唱**。
　解説 モーガンは，**キイロショウジョウバエ**を使って世界で初めて**染色体地図**を作成し，「遺
伝は，染色体上に線上に配列している遺伝子によって起こる」という**遺伝子説**を唱えた。

★
★ **22** ▶ **だ腺染色体**は**よく出る**。次の**5つ**を確実に。

1 昆虫類の双翅目(ハエ・カ)のだ腺(だ液腺)の細胞に見られる。
⇨ よく実験に使われるのは**ショウジョウバエ**や**ユスリカ**の幼虫。

2 ふつうの染色体の $100 \sim 150$ 倍 の大きさの**巨大染色体**である。

3 相同染色体どうしが対合している。　　　　　── よく出題される。
⇨ だ腺染色体の数は，**体細胞の染色体**の 半数 である。

4 間期でも分散せず，常に太い染色体のままである。

5 特定の位置に横しまが見られる。
⇨ 横しまの部分が 遺伝子 に対応していると考えられている。
└───── 組換え価をもとに作図した染色体地図の遺伝子の位置とほぼ一致する。

☐ 1　染色体における遺伝子の位置を何というか。　　　　　　　➡️ 最重要 15

☐ 2　共通の 1 にある異なる遺伝子を何というか。　　　　　　　➡️ 最重要 15

☐ 3　対立形質のうち，ヘテロ接合体において表現型として現れるほうの形質を何というか。　　　　　　　➡️ 最重要 15

☐ 4　対立形質のうち，ヘテロ接合体において表現型として現れないほうの形質を何というか。　　　　　　　➡️ 最重要 15

☐ 5　遺伝子 $A(a)$，$B(b)$ が別々の染色体にある場合，遺伝子型 $AaBb$ の個体から生じる配偶子の遺伝子型比（$AB:Ab:aB:ab$）はどうなるか。　　　　　　　➡️ 最重要 16

☐ 6　遺伝子型 $AaBb$ の個体から生じた配偶子が遺伝子型 $AB:Ab:aB:ab=4:1:1:4$ で生じたときの組換え価は何%か。　　　　　　　➡️ 最重要 17

☐ 7　遺伝子型が不明な個体に潜性ホモ接合体を交配することを何交雑（交配）というか。　　　　　　　➡️ 最重要 18

☐ 8　遺伝子 A と B（a と b）が連鎖し組換え価が25%のとき，$AaBb$ から生じる配偶子の遺伝子型の比（$AB:Ab:aB:ab$）はどうなるか。　　　　　　　➡️ 最重要 19

☐ 9　性染色体に対して，雌雄で共通して対になっている染色体を何というか。　　　　　　　➡️ 最重要 20

☐10　ショウジョウバエの性決定様式は何型か。　　　　　　　➡️ 最重要 20

☐11　遺伝子間の組換え価が大きい場合，それらの遺伝子間の距離は遠いか近いか。　　　　　　　➡️ 最重要 21

☐12　ユスリカの幼虫のだ腺で観察される巨大染色体を何というか。　　　　　　　➡️ 最重要 22

解答

1 遺伝子座　　　2 対立遺伝子（アレル）　　3 顕性形質　　4 潜性形質
5 1:1:1:1　　　6 20%　　　7 検定交雑（検定交配）　　8 3:1:1:3
9 常染色体　　　10 XY 型　　　11 遠い　　　12 だ腺染色体

4 ▸ 遺伝子の多様性と変異

★
★ **最重要** ★
★ **23** ▸ **配偶子の種類の計算は超頻出！！**
★

1 n **対の相同染色体**を持つ細胞から生じる**配偶子の染色体の組み合わせ**は乗換えがなければ $\boxed{2^n 通り}$ になる。

> **解説** 1対の相同染色体があると，減数分裂によって相同染色体どうしが分離する結果，2通りが生じる。2対あればそれぞれについて2通りずつ生じるので，$2 \times 2 = 2^2$通り。3対あれば$2 \times 2 \times 2 = 2^3$通り。よって$n$対あれば$2^n$通りになる。

練習① エンドウ（$2n = 14$）から生じる配偶子の染色体の組み合わせは，乗換えがなければ何通りになるか。

> **解説** $2n = 14$なので，$n = 7$　よって$2^7 = 128$通りになる。

練習② キイロショウジョウバエ（$2n = 8$）から生じた配偶子どうしの受精によって生じる子の染色体の組み合わせは，乗換えがなければ何通りになるか。

> **解説** $2n = 8$なので，$n = 4$　よって生じる配偶子は2^4通り。それらの配偶子どうしが受精するので，生じる子の染色体の組み合わせは$2^4 \times 2^4 = 2^8 = 256$通りになる。

2 実際には**染色体の乗換え**が起こり，**遺伝子の組換え**が生じるので，生じる配偶子の遺伝的多様性は非常に大きくなる。

3 減数分裂によって生じる**配偶子の遺伝的多様性が大きくなるしくみ**が問われたら，次の2点を答える。
　① **減数分裂**によって**相同染色体がランダムに娘細胞に分配される**から。
　② 減数分裂時に染色体の**乗換え**，遺伝子の**組換え**が生じるから。

最重要 ★★ 24 **変異の種類**を整理しておこう！

1 変異には，遺伝する変異（**遺伝的変異**）と
遺伝しない変異（**環境変異**）がある。

2 **染色体の数や構造，DNAの塩基配列が変化すること**を **突然変異** という。

> **解説** 体細胞に生じた突然変異は遺伝しないが，生殖細胞に生じた突然変異は遺伝する。

3 **染色体の突然変異**

数の変異
- **倍数性**…染色体数がnや$3n$になる
- **異数性**…染色体数が$2n+1$や$2n-1$になる

構造の変異
- **欠失**…染色体の一部が失われる
- **重複**…染色体の一部が重なる
- **逆位**…染色体の一部が逆になる
- **転座**…染色体の一部が別の染色体に移る

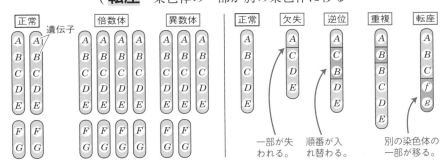

4 **遺伝子に生じる突然変異**

① **遺伝子内の塩基配列の突然変異**
- **置換**…塩基が別の塩基に置き換わる
- **挿入**…新しい塩基が付け加わる
- **欠失**…塩基が失われる

② **遺伝子重複**…同じ遺伝子が複数の遺伝子座に存在。
染色体の不等交さによって生じる。

最重要 25 塩基配列の変異による影響は超重要！

1 置換…DNAの塩基が別の塩基に置き換わる。

① **同義置換** 塩基が置換しても**同じアミノ酸**を指定する。

⇨アミノ酸配列は変化しない＝形質には影響なし

② **非同義置換**

塩基が置換し，**異なるアミノ酸**を指定する場合

⇨その部分のアミノ酸のみ異なる（**ミスセンス突然変異**）

塩基が置換し，**終止コドン**を指定する場合

⇨アミノ酸数が少なくなる（**ナンセンス突然変異**）

2 欠失 ⇨**コドンの読み枠**がずれる 　　　　　　　フレームシフト突然変異

3 挿入 ⇨**コドンの読み枠**がずれる

最重要 26 ゲノムとゲノムの多様性について
次の**3点**を押さえよう！

1 ゲノム －**個体の形成や生命活動を営むのに必要な遺伝情報の1組。**

論述問題で定義が問われる。このまま覚えておこう！！

⇨一般に**核相nの細胞**の染色体に含まれる全遺伝情報がゲノム。

⇨核相$2n$の生物は，ゲノムを**2セット**持つことになる。

⇨ヒトゲノムは，約**30億塩基対** の塩基配列からなる。

この数値は覚えておこう！

2 同種の生物の集団内で，**1％以上の頻度**で見られる塩基配列の個体差を
遺伝的多型（DNA多型）といい，その中で，**1塩基対の置換**を

一塩基多型 （**SNP**：single nucleotide polymorphism）という。

スニップ

⇨体質や薬効の違い，病気のかかりやすさの違いに関与。

⇨これを利用して**オーダーメイド医療（個別化医療）**が可能に。

3 特定の塩基配列のくり返しを**マイクロサテライト**といい，この部分の反復回数が個体間で異なる。

⇨この違いを用いて個人を特定することができる（**DNA鑑定**）。

➡ **スピードチェック** ▶▶▶

☐ 1　$2n=8$ の母細胞から生じる配偶子の染色体の組み合わせは乗換えがなければ何通りになるか。　➡ 最重要 23

☐ 2　染色体の一部が別の染色体に移る染色体の変異を何というか。　➡ 最重要 24

☐ 3　染色体の不等交さにより遺伝子の数が増えることを何というか。　➡ 最重要 24

☐ 4　塩基が別の塩基に置換しても，その遺伝暗号がもとと同じアミノ酸を指定するような置換を何というか。　➡ 最重要 25

☐ 5　塩基の欠失や挿入によってコドンの読み枠がずれる突然変異を何というか。　➡ 最重要 25

☐ 6　個体の形成や生命活動を営むのに必要な遺伝情報の1組を何というか。　➡ 最重要 26

☐ 7　ヒトの6は約何塩基対からなるか。
　　ア 2万　　イ 3000万　　ウ 2億　　エ 30億　➡ 最重要 26

☐ 8　遺伝的多型の中で，1塩基対の置換を何というか。　➡ 最重要 26

☐ 9　生物のDNAに見られる特定の塩基配列のくり返しを何というか。　➡ 最重要 26

解答

1 $2^4=16$通り　　2 転座　　3 遺伝子重複　　4 同義置換
5 フレームシフト突然変異　　6 ゲノム　　7 エ
8 一塩基多型（SNP）　　9 マイクロサテライト

5 ▶ 進化のしくみ

★
★ **最重要**
★ **27** ▶ **自然選択**に関する**重要用語ベスト 7** を
★   押さえよう。

1 適応進化 —— 自然選択の結果，**環境に適した形質**を持つように進化
すること。

> **解説** 多様な形質の個体のうち生存に有利なものが子孫を残し，進化が起こるとする 自然
> 選択説 は，19世紀の半ばに ダーウィン によって著書 『種の起源』 で唱えられた。

2 選択圧 —— 自然選択を引き起こす要因のこと。

3 適応進化の例

① 擬態 ：周囲の風景や他の生物と見分けがつかない色や形になる
（⇨p.191）。 **例** ハナアブ（ハチ），ハナカマキリ（ランの花）

② 共進化 ：異なる種の生物が互い
の進化に影響を及ぼしながら進化
する現象。 **例** 花の構造とその蜜
を吸う昆虫の口器

花粉を
運ばせたい

蜜を
飲みたい

③ **性選択**：配偶行動において同性や異性間の相互作用が**選択圧**になる。

> **解説** コクホウジャク（鳥）の雄の尾が長いのは，雌が長い尾の雄を好んで選んだ結果と考
> えられる。

④ **適応放散**：共通の祖先を持つ生物群が**さまざまな環境に適応**し，
多くの種に分化する現象。

> **解説** ヒトの腕とコウモリの翼やクジラの胸びれのように，外見や働きが異なっていても内
> 部構造や発生起源が同じ器官（**相同器官**）が存在するのは適応放散の結果と考えられる。

⑤ **収束進化(収れん)**：異なる種の生物が**似た環境に適応**した結果，
似た形態を持つようになる現象。　　　　　　— ニッチ（⇨p.190）

> **解説** 鳥の翼と昆虫の翅のように，似た外見と働きを持つが，内部構造や発生起源が異な
> る器官（**相似器官**）が存在するのは収束進化の結果と考えられる。

まず，ハーディ・ワインベルグの法則 が成り立つ条件を **5** つ覚えること。

ある同種の集団内にあるすべての対立遺伝子のことを 遺伝子プール という。次の条件が成り立つとき，代を重ねても遺伝子頻度は変化しない。 これを**ハーディ・ワインベルグの法則**という。

① 個体数が十分 多い こと。

② 自由 に交配できること。

③ 新たな突然変異が生じないこと。

④ 自然選択が働かないこと。

覚えておこう！

⑤ 他の集団との間で移出・移入がないこと。

解説 これらの条件が満たされていると，集団内の遺伝子頻度は変化しない。このような 状態を， 遺伝的平衡 という。逆にいうと，これらの条件が満たされないと遺伝子頻 度が変化し，進化の要因となる。

集団遺伝の問題は，次の **2** パターンを マスターすればOK！

例 題 遺伝子型の比率と遺伝子頻度(1)

遺伝子型AAの人が30人，Aaが45人，aaが75人混ざっている集団でのA，aの 遺伝子頻度を求めよ。

解説 それぞれの個体がA，aについて2つずつ遺伝子を持つので，この集団のA，aの 遺伝子の総数は$(30+45+75)×2=300$となる。

一方，Aの数は，AAの人には2個ずつ，Aaの人には1個ずつあるので $30×2+45×1=105$　よって，Aの遺伝子頻度(遺伝子の割合)は， $$105÷300=0.35$$ となる。aについても同様に，

$$(45×1+75×2)÷300=0.65　となる。$$

答 $A：0.35$　$a：0.65$

例 題 遺伝子型の比率と遺伝子頻度(2)

遺伝子型 AA と Aa の人の合計が420人，aa の人が80人混ざっている集団の A，a の遺伝子頻度を求めよ。

解説　A，a の遺伝子頻度を p，q $(p+q=1)$ とすると，この集団が自由な交配で生じたのであれば，右表のような交配によって，

$AA : Aa : aa = p^2 : 2pq : q^2$ という遺伝子型の比率の集団であるはず。

	pA	qa
pA	p^2AA	$pqAa$
qa	$pqAa$	q^2aa

ここで，aa の割合は $\dfrac{80}{420+80}=0.16$ なので，

$q^2=0.16$ ∴ $q=0.4$

よって，

$p=1-q=0.6$

答　$A : 0.6$　$a : 0.4$

遺伝子型の比率がすべてわかっていれば	⇨	**パターン 1**（例題(1)）
比率がわからない遺伝子型があれば	⇨	**パターン 2**（例題(2)）

進化が起こる要因と過程を理解しよう！

1 進化が起こる主な要因と過程

① ある小集団がもとの集団から空間的に分断される＝ 地理的隔離 が起こる⇨もとの集団との間で**自由な交配が妨げられる**。

② それぞれの集団に**突然変異**が生じる。

—— 超超重要用語！！

③ **自然選択**や 遺伝的浮動 によりそれぞれの集団内の遺伝子頻度が変化する。

—— この定義が問われる！

・偶然によって遺伝子頻度が変化する現象。
・集団が小さいほど強く働く（ びん首効果 という）

④ もとの集団との間に生殖能力のある子が生じなくなる＝ 生殖的隔離 が起こる＝新たな種の分化（ 種分化 ）。

2 地理的隔離がきっかけで生じる種分化を $\boxed{異所的種分化}$,

地理的隔離がなくても生じる種分化を $\boxed{同所的種分化}$ という。

> **解説** 同じ場所に生息していても，形態や生殖行動，繁殖時期に違いが生じることがきっ
> かけで生殖的隔離が起こる場合がある。

3 **染色体数の倍数化**により起こる**種分化**もある。

> **例** パンコムギ(雑種で生じた三倍体のコムギが倍数化した)。

分子進化について，次の**4つのポイント**を押さえよう！

1 **分子進化**——DNAの**塩基配列**やタンパク質の**アミノ酸配列**の変化。

2 塩基配列やアミノ酸配列の変化の速度を $\boxed{分子時計}$ といい，進化の過程で**2種**が**分岐**した年代を知る目安となる。

3 **分子進化**には次のような傾向がある。

① **イントロン**の塩基配列や**機能に関与しない部分**の塩基配列やアミノ酸配列については，**変化速度が大きい**。←———

> 重要な機能を持つ遺伝子の塩基配列やタンパク質のアミノ酸配列は，変化速度が小さい。

② **コドンの3番目**にあたるDNAの塩基の**変化速度は大きい**。

> **解説** 変化しても機能に影響しない変異には自然選択が働かず，蓄積される。コドンの3
> 番目の塩基は変わっても指定するアミノ酸が変わらない場合(**同義置換**という)が多
> いため，そのような変異には自然選択が働かず，蓄積する。

4 $\boxed{中立説}$ ——**生存に有利でも不利でもない突然変異**が蓄積し，$\boxed{遺伝的浮動}$ によって集団全体に広がるという考え。**木村資生**が提唱。

> ┌ 中立な変異

> **解説** 生存に有利な突然変異は非常にまれで，生存に不利な突然変異は自然選択によって
> 淘汰される。生存に有利でも不利でもない突然変異に対しては自然選択が働かない。

> **補足** **遺伝子重複**(⇨最重要24)により同じ遺伝子が複数存在する場合，1つがもとの機能を
> 保っていれば，他の遺伝子に変異が起こっても自然選択が働かないので，集団内に
> 広まることができる。

分子系統樹のつくり方のポイントは，次の2点だけ！

1 違いの数が少ない2種は，共通の祖先から**分岐してからの年数が短い**。

2 2種間の**違いの数**の$\frac{1}{2}$が，**共通の祖先から変異した数**と考える。

例 題 分子系統樹の作成

A～D種の生物が持つあるタンパク質のアミノ酸列について比較し，アミノ酸が異なっている数を調べた結果，右の表のようになった。これをもとに，この4種についての分子系統樹を描き，それぞれの共通の祖先から変異した数も書き込め。

	A	B	C	D
A		6	13	6
B			14	2
C				15
D				

解説 ① まず，違いの数が最も少ないものを探す。この場合BとDが2個の違いしかないので，最も近縁で，ごく最近分岐したと考えられる。

BとDの間でアミノ酸が2個異なるが，BとDの共通の祖先から2個変異が生じたのではなく，それぞれ1個ずつ変異が生じた結果，BとDの間では2個の違いがあると考える。よって，まずBとDを右のように描く。

② BおよびDとその次に違いの数が少ないのはAで，AとBは6個，AとDも6個の違いがある。ということはA，B，Dの共通の祖先からは6÷2＝3個の変異が生じていたと考えられる。よってA，B，Dについて右のように描ける。

③ 最も分岐してから年数がたっているのはCということになるが，AとCは13，BとCは14，DとCは15でばらつきがある。この場合はそれらの平均をとる。

すなわち，$\frac{13+14+15}{3}=14$

さらにこの$\frac{1}{2}$が共通の祖先から変異した数なので

14÷2＝7　よって，完成した分子系統樹は右のようになる。

答 右図

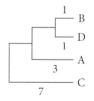

➡ スピードチェック

□ 1 自然選択の結果，環境に適した形質を持つように進化すること
を何というか。 ➡ 最重要 27

□ 2 異なる種の生物が互いに影響を及ぼしながら進化することを何
というか。 ➡ 最重要 27

□ 3 配偶行動における同性や異性の相互作用が選択圧になることを
何というか。 ➡ 最重要 27

□ 4 共通の祖先を持つ生物群がさまざまな環境に適応し，多くの種
に分化することを何というか。 ➡ 最重要 27

□ 5 異なる生物が，似た環境に適応した結果，似た形態を持つよう
になることを何というか。 ➡ 最重要 27

□ 6 ある集団にあるすべての対立遺伝子（アレル）のことを何という
か。 ➡ 最重要 28

□ 7 ハーディー・ワインベルグの法則が成り立つ集団の中で潜性ホ
モの個体の割合が16％であったとき，潜性遺伝子の遺伝子頻
度はいくらか。 ➡ 最重要 29

□ 8 偶然により遺伝子頻度が変化していく現象を何というか。 ➡ 最重要 30

□ 9 自然選択に対して有利でも不利でもない突然変異が蓄積し，
8 によって集団全体に広がるという考え方を何というか。 ➡ 最重要 31

□10 2種の生物間のある遺伝子の塩基配列の違いが10か所であっ
た場合，これらの共通の祖先から分岐して以降変異した塩基は
何個と見なせるか。 ➡ 最重要 32

解答

1 適応進化	2 共進化	3 性選択	4 適応放散	5 収束進化（収れん）
6 遺伝子プール	7 0.4	8 遺伝的浮動	9 中立説	10 5個

6 生物の系統とヒトの進化

★
★ 最重要
★ **33**

まずは分類の単位について押さえる！

1 分類の単位
① **基本単位**は「 種 」──自然状態で交配し，代々子孫が残せる集団。
② **分類の階級**

ドメイン・界・門・綱・目・科・属・種

大きいグループ ◄━━━━━━━━━━━━━━━━━━► 小さいグループ

2 学名──万国共通の生物名。

属名 と 種小名 を使って書く**二名法**（**リンネ**が提唱）。
└── 種を形容詞形で表現したもの。

例 ヒト： *Homo sapiens* Linnaeus
和名　属名　種小名　命名者

3 生物は，次の3つの**ドメイン**に分けられる。

┌── ウーズがrRNAの解析結果
　　をもとに提唱（1990年）。

① 細菌（バクテリア）ドメイン

② アーキア（古細菌）ドメイン

③ **真核生物（ユーカリア）ドメイン**

解説 **3ドメイン説**に従うと，真核生物は，細菌よりアーキアに近縁ということになる。

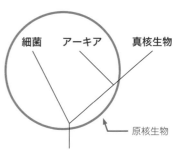

細菌　アーキア　真核生物

原核生物

4 **真核生物**は次の**4つの界**に大別する。

原生生物界 ・ 菌界 ・ 植物界 ・ 動物界
└── 単細胞生物や藻類　└── カビやキノコのなかま

解説 **ホイッタカー**や マーグリス により提唱された**五界説**では，生物全体を**原核生物界**，**原生生物界**，**菌界**，**植物界**，**動物界**の5つの界に分類した。

細菌ドメイン，アーキアドメインの代表例は次のものだけで大丈夫！

1 細菌(バクテリア)ドメイン

※ 覚えておくべき細菌の代表例ベスト12

| 大腸菌 | ， | 乳酸菌 | ， | 肺炎球菌， | シアノバクテリア |

代表例！

乳酸発酵(⇨p.71) ← 乳酸菌

形質転換の実験材料 ← 肺炎球菌

酸素を発生する光合成 ユレモ，ネンジュモ ← シアノバクテリア

紅色硫黄細菌，緑色硫黄細菌， 亜硝酸菌，硝酸菌，硫黄細菌，

酸素を発生しない光合成(⇨p.84)

化学合成(⇨p.84)

アゾトバクター，クロストリジウム，根粒菌

窒素固定(⇨p.201)

2 アーキア(古細菌)ドメイン

※ 覚えておくべき代表例ベスト3

メタン生成菌，高度好塩菌，超好熱菌 ← 熱水噴出孔や温泉などに生息。

メタン菌ともいう。

補足 PCR法(⇨p.124)で用いるDNAポリメラーゼはこの超好熱菌から得たものを利用。

原生生物界は，10種類の生物について，次の代表例とポイントだけを覚えればよい。

1 原生動物——従属栄養の単細胞生物

例 アメーバ類(**アメーバ**)

繊毛虫類(**ゾウリムシ**，ツリガネムシ，ミズケムシ)

襟鞭毛虫類

2 ミドリムシ類——クロロフィルaとbを持つ。

葉緑体があるが**細胞壁なし**。

例 **ミドリムシ**(ユーグレナ)

3 緑藻——クロロフィルaとbを持つ。

例 アオサ・アオノリ・ミル, ボルボックス,

カサノリ・クラミドモナス

↳ 単細胞　　　　多細胞　　細胞群体

4 シャジクモ(車軸藻)——クロロフィルaとbを持つ。

コケ植物の造卵器に似た**造卵器**を持つ。

例 シャジクモ, フラスモ(フラスコモ)

↗ 植物に最も近縁と考えられている。

5 接合藻——クロロフィルaとbを持つ。

例 アオミドロ, ミカヅキモ

6 褐藻——クロロフィルaとc, フコキサンチンを持つ。

例 コンブ, ワカメ, ホンダワラ, ヒジキ

7 ケイ藻類, 渦鞭毛藻類——クロロフィルaとcを持つ単細胞生物。

例 ハネケイソウ, ツノモ

↳ 意外と重要！赤潮の原因となるプランクトン

8 紅藻——**クロロフィルa**, フィコエリトリン, フィコシアニンを持つ。

配偶子にも胞子にも**べん毛や繊毛がない**。

↗ シアノバクテリアと同じ。

超頻出！！ ↘

例 テングサ, アサクサノリ, トサカノリ

9 粘菌類——従属栄養で胞子を形成するが, 細胞壁を持たない**変形体**という時期がある。

例 変形菌(**ムラサキホコリ**),

細胞性粘菌(**タマホコリカビ**)

10 卵菌類——遊走子(鞭毛を持つ胞子)を形成。 例 ミズカビ

最重要 36 菌界で重要なのは子のう菌と担子菌の2つ。

他は次の代表例を覚えておくだけでよい。

1 菌界の系統樹

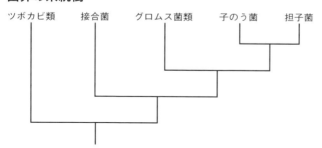

2 子のう菌

例 **酵母, 馬鹿苗病菌, アカパンカビ,** コウジカビ, アオカビ

← 酵母菌とも呼ばれるが細菌ではないっ！！！

解説 **酵母**は広義には単細胞性の菌類の総称で多くは子のう菌に属するが, 担子菌に属するものも含まれる。狭義にはパンや酒をつくる際に用いられる出芽酵母を指し, これは子のう菌に属する。

3 担子菌

例 **マツタケ, シイタケ, サルノコシカケ**

← キノコの仲間と覚えておけばよい。

4 グロムス菌類

解説 植物の根の細胞に入り込み, アーバスキュラー菌根をつくる菌類。

5 接合菌 例 クモノスカビ

6 ツボカビ類(鞭毛菌類) 例 カエルツボカビ

解説 鞭毛を持つ遊走子を形成。最も古く分化した菌類と考えられている。カエルの体表で繁殖するとカエルの皮膚呼吸を阻害し, 世界各地でカエルの大量死を引き起こしている。

最重要 **37** 動物界の分類については，まず**次の用語を それぞれセットで覚えよう。**

1 動物界の分子系統樹の例

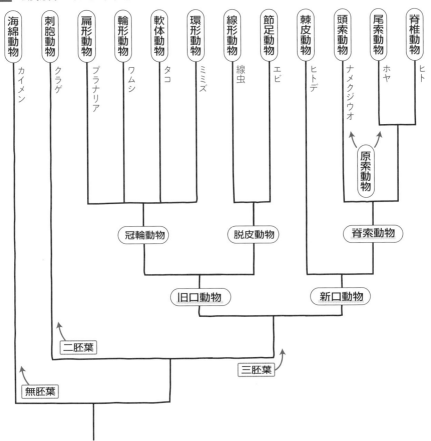

p.112

2 胚葉の分化

① **無胚葉性**——胚葉の分化がない 例 海綿動物
② **二胚葉性**——外胚葉と内胚葉だけが分化 例 刺胞動物
③ **三胚葉性**——外・内・中胚葉が分化 例 海綿と刺胞以外

3 口のでき方

|旧口|動物——**原口がそのまま口になる**動物。 p.109

例 扁形動物，輪形動物，線形動物，軟体動物，環形動物，節足動物

|新口|動物——**原口は肛門側になり，後から |新しく口|ができる。**

例 棘皮動物，頭索動物，尾索動物，脊椎動物

4 旧口動物を，脱皮の有無で2つに分ける。

|冠輪動物| ：脱皮を行わない。環形動物と軟体動物は発生過程で **トロコフォア幼生**を経る。

例 扁形動物，輪形動物，環形動物，軟体動物

|脱皮動物| ：脱皮によって成長する。

例 線形動物，節足動物

<table>
<tr><td>最重要
★
★ 38</td><td>**無胚葉性**と**二胚葉性**の動物については，
次の特徴と例を覚えるだけで**OK**！</td></tr>
</table>

1 **海綿動物**——**無胚葉性・えり細胞を持つ。**

例 イソカイメン，|カイロウドウケツ|，|ホッスガイ|

└─────────────┘ まちがえやすい。

2 **刺胞動物**——**二胚葉性・散在神経系・刺胞を持つ。**

例 ヒドラ，ミズクラゲ，イソギンチャク，サンゴ

補足 クシクラゲは刺胞を持たないので刺胞動物に含まれず，**有櫛動物**と呼ばれる。刺胞動物と有櫛動物を合わせて**腔腸動物**とする場合もある。

最重要 39 ★★★ 旧口動物の冠輪動物については，それぞれ**次の 重要ポイントだけ**をしっかり覚えておけば**大丈夫！**

1 扁形動物 は，次の **3 点**。

① **かご形**神経系

② 肛門なし，血管系なし

③ 例 **プラナリア**，コウガイビル，サナダムシ，カンテツ，ジストマ

寄生性

3のヒルとは全く別の動物。
血を吸わない。

2 **輪形動物**は，次の **1 例**のみ。

例 **ワムシ** ← からだの先端に繊毛環があるので「輪」ムシ。

3 環形動物 は，次の **4 点**。

① **はしご形**神経系。

② 閉鎖血管系 ← めちゃめちゃよく出る！！！！！！！

③ 多数の**体節**からなる。

④ 例 **ミミズ**，**ゴカイ**，チスイビル

4 軟体動物 は，次の **4 点**。

① 神経節神経系

② **外套膜**（がいとうまく）を持つ。

③ **頭足類は閉鎖血管系**，それ以外は**開放血管系**。

④ 例 **頭足類(イカ，タコ)** と **貝の仲間** (ハマグリ，カタツムリ， ウミウシ，アメフラシ)

旧口動物の脱皮動物についても, 出るポイントだけを覚えればOK!!

1 **線形動物**は, 次の**例**だけ!

例 カイチュウ, ギョウチュウ, センチュウ(線虫)

2 節足動物 は, 次の**4点**だけ!

① **はしご形**神経系

② **開放血管系** ←――― 環形動物と類似。

③ 多数の**体節**からなる。

④ 例 **昆虫類, クモ類(クモ, サソリ, ダニ), 多足類**(ムカデ, ヤスデ), **甲殻類(エビ, カニ, フジツボ)**

新口動物は **2つの門**に分けられる。

1 棘皮動物門 (きょくひ)は次の3点だけ!

① **5方向に放射相称**の体制を持つ。

② **管足, 水管系**を持つ。
  ┗ 運動器官 ┗―― 呼吸器系・排出器系・血管系を兼ねる。

③ 例 **ウニ, ヒトデ, ナマコ,** ウミユリ, ウミシダ
  ┗ 特に重要   ┗ ユリではない! ┗ シダではない!

2 脊索動物門 (せきさく)はまず次の2点。

① 発生過程で**脊索**(⇨ p.111)が生じる。

② **頭索動物**(とうさく), **尾索動物**(びさく), **脊椎動物**の3種類に分けられる

補足 頭索動物と尾索動物をまとめて**原索動物**とする場合もある。

42 脊索動物門について, さらに次のポイントを押さえよう!

★★ 最重要

1 頭索動物(亜門)は次の2点

① 管状神経系, 閉鎖血管系, **脊索を終生持つ。**

② 例 **ナメクジウオ**

これのみでOK!!

2 尾索動物(亜門)は次の3点

① 幼生は**オタマジャクシ型幼生**で, 管状神経系・開放血管系・脊索あり。

② 成体は神経系も脊索も退化し, 固着生活する。

③ 例 **ホヤ**, ウミタル, サルパ

特に重要!

3 脊椎動物は次の9点!!

① 管状神経系, 閉鎖血管系, 排出器官は腎臓, **脊椎** を持つ。

② 無顎類 例 **ヤツメウナギ**, ヌタウナギ

顎を持たず, 脊索が一生退化しない

③ 軟骨魚類 例 **サメ, エイ**

④ 硬骨魚類 例 コイ, マグロ ← 一般的な魚のほとんどが含まれる。

⑤ 両生類 例 カエル, イモリ

補足 幼生(オタマジャクシ)はえら呼吸と皮膚呼吸, 成体は肺呼吸と皮膚呼吸。

⑥ 爬虫類 例 ヘビ, トカゲ, ヤモリ, カメ, ワニ

⑦ 鳥類 例 ニワトリ, ペンギン

⑧ 哺乳類
- 単孔類 例 **カモノハシ**, ハリモグラ
  - 胎盤なし, 卵生。総排出口を持つ。
- 有袋類 例 **カンガルー**, コアラ
  - 胎盤が不完全で子は未熟な状態で生まれ, 雌の育児のうで育てられる。
- 真獣類 例 **クジラ, コウモリ, ヒト**
  - 有胎盤類ともいう。

羊膜は卵殻や母胎の中で胚を包む膜。

⑨ 爬虫類, 鳥類, 哺乳類をまとめて**羊膜類**という。

植物界については，その生活環(⇨最重要183)まで押さえておこう。

1 植物界の分類

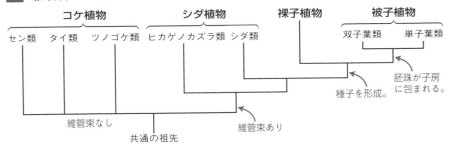

2 コケ植物

① 陸上生活を行うが 維管束を持たない。

② **本体は配偶体**。胞子体は配偶体に寄生(⇨p.173)。

③ 例 スギゴケ(セン類)，ゼニゴケ(タイ類)，ツノゴケ(ツノゴケ類)

3 シダ植物

① 維管束を持つ が，種子は形成しない。

② **本体は胞子体**。胞子体と配偶体はそれぞれ独立生活(⇨p.173)。

③ 例 ── 特に重要！ ── 亜熱帯多雨林・木生シダ
ワラビ，ゼンマイ，スギナ，トクサ，ヘゴ，サンショウモ，
マツバラン(以上シダ類)，クラマゴケ，ヒカゲノカズラ(ヒカゲ
ノカズラ類)
└── 要注意！コケではない！

4 種子植物

① 維管束が発達，種子を形成。

② **本体は胞子体**。配偶体は胞子体に寄生(⇨p.174)。
── 雄性配偶子が精子
── コケや藻類とまちがえやすい。

③ { **裸子植物** 例 マツ，スギ，イチョウ，ソテツ

被子植物 { **双子葉類** 例 サクラ，アサガオ，モウセンゴケ
単子葉類 例 イネ，トウモロコシ，カナダモ

★★★ 最重要 44 ヒトの進化については，次の6点を押さえておこう！

1 分類上のヒトの位置

脊索動物門―脊椎動物亜門―哺乳綱―霊長目―ヒト科―ホモ属

2 ヒトの学名― ホモ・サピエンス (*Homo sapiens*)

属名 ── 種小名

3 霊長目は現生のツパイのような仲間から進化し，樹上生活に適応。

① 拇指対向性（親指が他の指と向き合う） ⇨ 枝をつかみやすい。

② 平爪を持つ。

③ 眼が顔の前面に位置する ⇨ 立体視 できる範囲が広い。

嗅覚から視覚重視の生活へ。
脳がより多くの情報を処理。

④ 肩の可動範囲が大きい ⇨ 枝から枝へ渡り歩くのに適する。

ヒトと同じく尾がないという共通点を持つ。

4 類人猿（テナガザル，オランウータン，ゴリラ，チンパンジー）との共通

祖先からヒトが分岐したのは約700万年前，アフリカ で出現。

5 ヒト科の特徴

① 直立二足歩行 ◀── 最も重要！！

② 大後頭孔が頭骨の真下にある ⎫
③ 脊椎骨がS字状に湾曲 ⎭

頭骨から延髄が出る穴

⇨ 頭を真下から支える。
⇨ 大脳の発達が可能に。

④ 骨盤の幅が広い ⇨ 内臓を支えることができる。

⑤ 前肢が後肢に比べて短い ⇨ 前肢が歩行に使用されなくなった。

眼の上の盛り上がり。硬いものを噛まなくなったため退化。

⑥ 眼窩上隆起が退化。　　⑦ おとがいが発達。

あごの先のでっぱり。あごが小型化した結果生じた。

6 主な化石人類と現生人類

① サヘラントロプス属（最古の化石人類）　　　　　　700万年前

② アウストラロピテクス属　　　　　　　　　　　　420万年前

③ ホモ属 ⎧ ホモ・エレクトス（北京原人，ジャワ原人）　180万年前
　　　　 ⎨ ホモ・ネアンデルターレンシス　　　　　　30万年前
　　　　 ⎩ ホモ・サピエンス（現生人類）　　　　　　20万年前

□ **1** 二名法に用いるのは属名ともう１つは何か。 ➡ 最重要 33

□ **2** 次の中からアーキアドメインに属する生物をすべて選べ。 ➡ 最重要 34
ア メタン生成菌　　イ 大腸菌　　ウ 超好熱菌
エ 乳酸菌

□ **3** テングサやアサクサノリは，次のどのグループに属するか。 ➡ 最重要 35
ア 緑藻　　イ 褐藻　　ウ 紅藻　　エ 接合藻

□ **4** 酵母が属する界の名称は何か。 ➡ 最重要 36

□ **5** 原口がそのまま口になる動物を何というか。 ➡ 最重要 37

□ **6** 無胚葉性の動物は何動物か。 ➡ 最重要 38

□ **7** 次の中から脱皮動物をすべて選べ。 ➡ 最重要 37・40
ア 扁形動物　　イ 線形動物　　ウ 環形動物　　エ 節足動物

□ **8** 節足動物の神経系を何というか。 ➡ 最重要 40

□ **9** 頭索動物，尾索動物，脊椎動物に共通の特徴として形成される ➡ 最重要 41
からだの構造は何か。

□**10** 次の中から尾索動物を１つ選べ。 ➡ 最重要 42
ア ナメクジウオ　　イ ウニ　　ウ ホヤ　　エ ヤツメウナギ

□**11** 植物界の中で維管束を持たないのは何植物か。 ➡ 最重要 43

□**12** ヒトは分類学上何目に属するか。 ➡ 最重要 44

□**13** 頭骨から延髄が出る孔を何というか。 ➡ 最重要 44

解答

1 種小名	2 アとウ	3 ウ	4 菌界	5 旧口動物
6 海綿動物	7 イとエ	8 はしご形神経系		9 脊索
10 ウ	11 コケ植物	12 霊長目	13 大後頭孔	

☐ 1　生命の誕生に必要な3つの条件を挙げよ。

→ 最重要 1

☐ 2　シアノバクテリアが出現したことで地球環境に生じた4つの変化を挙げよ。

→ 最重要 2

☐ 3　ミトコンドリアは好気性細菌が，葉緑体はシアノバクテリアがそれぞれ細胞内共生して生じたという共生説の根拠を2つ挙げよ。

→ 最重要 3

☐ 4　有性生殖とはどのような生殖か簡単に説明せよ。

→ 最重要 10

☐ 5　体細胞分裂の分裂期(M期)の各時期についてその名称とそれぞれの染色体のようすを簡単に説明せよ。

→ 最重要 11

☐ 6　減数分裂の特徴を4つ挙げよ。

→ 最重要 14

☐ 7　減数分裂によって，生じる配偶子の遺伝的多様性が大きくなるしくみを2点挙げよ。

→ 最重要 23

☐ 8　地理的隔離が生じてから新たな種が分化するまでの過程を説明せよ。

→ 最重要 30

☐ 9　霊長目が樹上生活に適応しているからだの特徴を4つ挙げよ。

→ 最重要 44

☐10　ヒト科の特徴を6点挙げよ。

→ 最重要 44

1 ① 代謝を行う能力　　② 内外を分ける膜の形成　　③ 自己複製系の確立

2 ① ストロマトライトの形成　　② 縞状鉄鉱床(縞状鉄鉱層)の形成
　 ③ 好気性細菌の出現　　　　④ オゾン層の形成

3 ① いずれも独自のDNAやリボソームを持つこと
　 ② いずれも半自律的に分裂増殖すること。

4 2種類の細胞の合体により新しい個体を生じる生殖方法

5 ① 前期：核膜が消失。染色体が凝縮し，ひも状になる。
　 ② 中期：染色体が紡錘体の赤道面に並ぶ。
　 ③ 後期：染色体が分離し，両極に移動。
　 ④ 終期：染色体の凝縮が解除され，核膜が形成される。

6 ① 2回の分裂が連続して起こる。
　 ② 染色体数が半減する。
　 ③ 相同染色体どうしが対合し，二価染色体を形成する。
　 ④ 生殖細胞を形成するときに行われる。

7 ① 相同染色体がランダムに娘細胞に分配される。
　 ② 染色体の乗換え，遺伝子の組換えが生じる。

8 ① 地理的隔離により，もとの集団との間で自由な交配が妨げられる。
　 ② それぞれの集団に突然変異が起こる。
　 ③ 自然選択や遺伝的浮動によりそれぞれの集団内の遺伝子頻度が変化する。
　 ④ 生殖的隔離が起こる。

9 ① 拇指対向性を持つ　　　　　② 平爪を持つ
　 ③ 眼が顔の前面に位置する　　④ 肩の可動範囲が大きい

10 ① 直立二足歩行を行う　　　　② 大後頭孔が頭骨の真下にある
　 ③ 脊椎骨がS字状に湾曲　　　④ 骨盤の幅が広い
　 ⑤ 前肢が後肢に比べて短い　　⑥ 眼窩上隆起の退化
　 ⑦ おとがいの発達　　　　　　のうち6点

7 ▶ 生体物質と細胞

★★★ | 最重要 **45** | ## 生体を構成する成分について，次のことだけは押さえておこう！

1 細胞を構成する物質の中で一番多いのは 水 。　←── 2番目はタンパク質。

水は多くの物質の**溶媒**となり，**比熱が大きい**（温度の急激な変化を防ぐことができる），**凝集力が大きい**という特徴を持つ。

|解説| これらの性質は，水が**極性分子**であるため，水分子どうしは**水素結合**によって結合し，極性を持つ他の有機物などとも水素結合することによる。

2 **細胞を構成する有機物**——タンパク質・炭水化物・脂質・核酸がある。

① **タンパク質**：C・H・O・N・Sからなる。基本単位は**アミノ酸**。

　　生体膜，酵素，細胞骨格などの構成成分。　　　───この構成元素は特によく問われる！

② **炭水化物**：C・H・Oからなる。
- 単糖類：グルコース，フルクトースなど
- 二糖類：マルトース，スクロースなど
- 多糖類：アミロース（デンプン），セルロース，グリコーゲンなど

③ **脂質**：水に不溶性。
- 脂肪：C・H・Oからなる。グリセリン＋（脂肪酸×3）。貯蔵物質。
- リン脂質：C・H・O以外にPやNを含む。生体膜の成分。

④ **核酸**：C・H・O・N・Pからなる。
　　　　　　　───特によく問われる！

　　基本単位は**ヌクレオチド(糖＋塩基＋リン酸)**。 ⇨最重要89
- **DNA**：糖が**デオキシリボース**。遺伝子の本体。
- **RNA**：糖が**リボース**。タンパク質合成に関与。
  - mRNA，tRNA，rRNA

3 細胞には，Na，K，Ca，Feなどの無機塩類も含まれる。
膜電位に関与。 ── ↑ ── ヘモグロビンに含まれる。
伝達(⇨p.138)や筋収縮に関与。

最重要 46 細胞に関する研究者で重要なのは次の **4人**。

1 フック ── 細胞を発見(1665年)。◀── 顕微鏡でコルクの切片を観察し，小さな小部屋でできていることを発見。

2 細胞説 ── **生物のからだの基本単位は細胞である**という考え。

① シュライデン ── 植物の細胞説を提唱(1838年)。
── 植物が1年先。

② シュワン ── 動物の細胞説を提唱(1839年)。

③ フィルヒョー ── 「**すべての細胞は細胞から生じる**」と唱えた
(1855年)。⇨ 細胞説の確立。
── この言葉はこのまま覚えるべし！

最重要 47 原核細胞と真核細胞の違いとしてまずこれを押さえよ！

原核細胞 ── DNAは**核様体**に偏在。核膜に包まれた核を持たない。
大きさ1～10μm程度。原核細胞からなる生物を**原核生物**という。
例 **細菌(バクテリア)：大腸菌，乳酸菌，シアノバクテリア**
　　アーキア(古細菌)：メタン生成菌，超好熱菌，高度好塩菌
── タンパク質。
真核細胞 ── DNAは**ヒストン**に巻きついた状態の**クロマチン繊維**という構造をとり(最重要9)，核膜に包まれた核の内部に存在する。
大きさ10～100μm程度。── 動物，植物，菌類など。
真核細胞からなる生物を**真核生物**という。

核については次の4点を覚えよう。

① **二重膜**の **核膜** に囲まれている。

② 核膜には **核膜孔** がある。

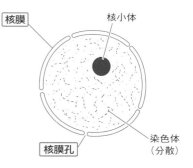

③ **染色体** を含む。

> 補足 DNAが**ヒストン**に巻きついた基本構造を
> **ヌクレオソーム**といい，ヌクレオソーム
> が数珠状につながった構造を**クロマチン**
> **繊維**という。クロマチン繊維がさらに折
> りたたまれて**染色体**を構成している(⇨p.11)。

④ **核液**，**核小体**を含む。

> 補足 **核小体**はrRNA(リボソームRNA)の合成の場。核内で転写で生じたmRNAは**核膜**
> **孔**を通って核から細胞質へと移動する。

ミトコンドリアについては 次の4点を覚えよう！

① 内外2枚の**二重膜**からなる。

共生説(最重要3)の証拠とされる。

② **独自のDNAやリボソーム**を持ち，半自律的に増殖する。

③ **呼吸** の**クエン酸回路**や**電子伝達系**により ATP を合成(最重要71・72)。

④ ミトコンドリアは，構造の**模式図**を描かせる問題がよく出る！

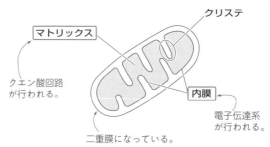

★★★ **最重要 50** 葉緑体については，次の**4点**を覚えよう！

① 内外2枚の**二重膜**からなる。 ← ── ミトコンドリアと共通の特徴。

② **独自のDNAやリボソーム**を持ち，半自律的に分裂する。

③ 光合成 の場 ── 光エネルギーでATPを合成し，それをもとに有機物を合成する（最重要79〜81）。

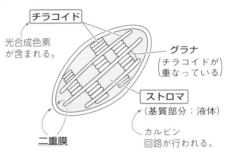

チラコイド

光合成色素が含まれる。

グラナ（チラコイドが重なっている）

ストロマ（基質部分：液体）

カルビン回路が行われる。

二重膜

④ 葉緑体も，構造の**模式図を描か**せる問題がよく出る！

★★ **最重要 51** 細胞壁・液胞は次の**3点ずつ**で**OK**！

1 細胞壁

どちらも多糖類。

① 植物細胞の細胞壁は セルロース やペクチンからなる。

解説 セルロースは細胞の形を支える丈夫な壁，ペクチンは細胞どうしをつなぐ糊（のり）の役割。

補足 原核生物や藻類，菌類にも細胞壁があるが，成分はそれぞれ異なっている。例えば細菌の細胞壁は**ペプチドグリカン**（多糖類と短いペプチドの化合物）からなる。

② 原形質連絡 という孔で隣の細胞とつながっている。

③ 生体膜ではない。

2 液胞

① 1枚の生体膜（⇨p.53）からなる袋状の構造。

② 代謝産物や老廃物を含む**細胞液**で満たされている。花弁の細胞などでは アントシアン という色素を含む。

動物細胞にも小さいものは存在する。

③ **成長した植物細胞でよく発達**する。

リボソーム・小胞体・ゴルジ体・リソソーム は, 次の図とともにセットで覚えよう!

最重要 52 ★★★

1 リボソーム

① タンパク質合成 の場。 — 電子顕微鏡でしか観察できない。 — ミスしやすい!

② rRNA とタンパク質からなる粒状の構造体で, 生体膜を持たない。

解説 小胞体に付着しているリボソームは, 膜タンパク質や分泌タンパク質などを合成する。小胞体に付着していないリボソームが合成したタンパク質は細胞質基質(サイトゾル)で使われたり, 核やミトコンドリア, 葉緑体内で使われる。

2 小胞体

— 電子顕微鏡でしか観察できない。

① 一重の生体膜からなり, タンパク質の輸送路 として働く。

② リボソームが付着した 粗面小胞体 と, リボソームが付着していない 滑面小胞体 がある。

— 脂質合成や Ca^{2+} の貯蔵に働く。

③ 一部は核膜の外膜とつながっている。

3 ゴルジ体

① 一重 の生体膜からなる。扁平な袋状と球状の膜構造からなる。

② 小胞体から受け取ったタンパク質を濃縮し, 糖を添加する。

⇨ 分泌細胞で発達。

4 リソソーム — 電子顕微鏡でしか観察できない。

① 一重の生体膜からなる袋状の構造で, ゴルジ体から生じる。

② 分解酵素を含み, 不要物を分解 する。

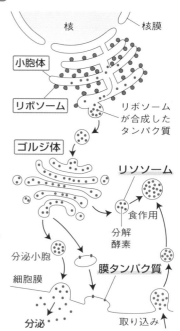

補足 細胞外から取り込んだ物質や古くなった細胞小器官などを含む小胞が形成され, これとリソソームが融合する。細胞外から取り込んだ物質を分解する反応は**食作用**, 自己の物質や細胞小器官を分解する反応は**自食作用(オートファジー)**という。

★★★

生体膜の構造は描けるようにしておくこと！

1 生体膜の構造

① 生体膜 —— 細胞膜や，核膜，ミトコンドリアの膜，ゴルジ体の膜など細胞小器官を構成する膜。基本的には共通した構造をしている。

注意 リボソームや中心体は生体膜を持たない。

② 生体膜は リン脂質 と タンパク質 からなる。

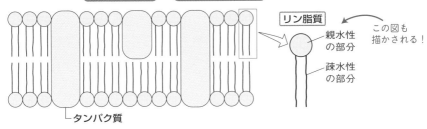

リン脂質
親水性の部分
疎水性の部分
この図も描かれる！
タンパク質

解説 リン脂質の二重層にタンパク質が埋め込まれているが，これらの分子は流動性がある。この構造のモデルを 流動モザイクモデル という。

2 細胞膜を介した物質の取り込みと分泌

① 細胞膜の陥入によって取り込まれる現象を エンドサイトーシス （飲食作用）という。

② 小胞が細胞膜と融合して，内部の物質を細胞外に放出する現象を エキソサイトーシス （開口分泌）という。

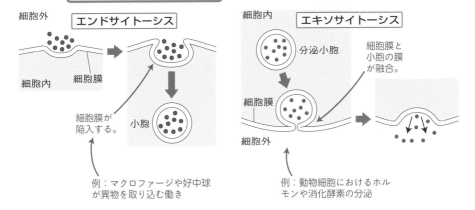

細胞外　エンドサイトーシス
細胞内　細胞膜
細胞膜が陥入する。
小胞
例：マクロファージや好中球が異物を取り込む働き

細胞内　エキソサイトーシス
分泌小胞
細胞膜と小胞の膜が融合。
細胞膜
細胞外
例：動物細胞におけるホルモンや消化酵素の分泌

中心体については，次の4点だけで大丈夫！

1 2つの 中心小体 (中心粒)とその周囲の中心体基質からなる。
微小管(⇨最重要58)からなる。　　　繊維状のタンパク質からなる。

2 主に**動物細胞に存在する**。
⇨ 植物細胞には存在しないが，シダやコケ
の精子を形成する細胞には存在する。

細胞分裂時に形成される。

3 **紡錘体の起点**となる(⇨最重要11)。

4 **鞭毛や繊毛の形成**に関与する。

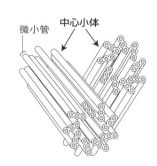

微小管　　中心小体

➡ スピードチェック

☐ **1** タンパク質と核酸を構成する元素をそれぞれ5つ挙げよ。　➡ 最重要 45

☐ **2** 核膜に包まれた核を持たない細胞を何というか。　➡ 最重要 47

☐ **3** クエン酸回路や電子伝達系が行われる細胞小器官は何か。　➡ 最重要 49

☐ **4** タンパク質合成の場となる細胞小器官は何か。　➡ 最重要 52

☐ **5** 生体膜の主成分は何と何か。　➡ 最重要 53

☐ **6** 主に動物細胞にあり，紡錘体の起点になったり鞭毛や繊毛の形成に関与する構造を何というか。　➡ 最重要 54

解答

1 タンパク質…C, H, O, N, S, 核酸…C, H, O, N, P　　2 原核細胞
3 ミトコンドリア　　4 リボソーム　　5 リン脂質とタンパク質　　6 中心体

8 ▶ 生命現象とタンパク質

★
★ **最重要** まずは，**アミノ酸の一般構造式**を覚えよう！
★ **55** 試験でもよ〜く書かされる。

1 アミノ酸の一般構造式

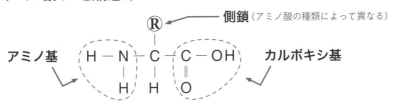

側鎖（アミノ酸の種類によって異なる）

アミノ基　　カルボキシ基

2 アミノ酸どうしの結合は ペプチド結合 。

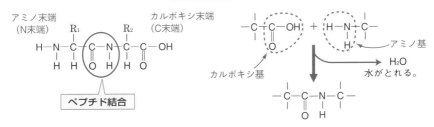

アミノ末端（N末端）　カルボキシ末端（C末端）

ペプチド結合

カルボキシ基　　アミノ基

H_2O 水がとれる。

解説 隣り合ったアミノ酸の一方のアミノ基と他方のカルボキシ基から水が取れて，CとNの間で結合する。この結合を**ペプチド結合**という。このようにしてアミノ酸が多数結合したものを**ポリペプチド**と呼ぶ。

覚えておこう！

3 生体タンパク質を構成するアミノ酸の種類は 20種類 。

補足 どのアミノ酸も C・H・O・N を持つが，メチオニンとシステインは，これら以外に（側鎖の中に）S を含んでいる。

★
★ | 最重要 | タンパク質は，**複雑な立体構造**を持つ。
★ | **56**

1 **一次構造**：ポリペプチドを構成する**アミノ酸の種類**と 配列順序 。

2 **二次構造**：ポリペプチドの**部分的な立体構造**。

3 **三次構造**：1つのポリペプチド**全体が示す立体構造**。

4 **四次構造**：三次構造を示すポリペプチド（サブユニット）が**複数集まってできた構造**。

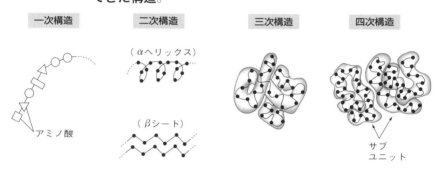

一次構造　　　二次構造　　　三次構造　　　四次構造

（αヘリックス）

アミノ酸

（βシート）

サブユニット

補足　二次構造や三次構造は，アミノ酸の側鎖どうしのS-S結合（システインのSどうしの結合）や水素結合によって形成される。タンパク質の種類によって三次構造までのもの（ミオグロビンなど）や四次構造を持つもの（ヘモグロビンなど）がある。

★
★ | 最重要 | **タンパク質は一定の立体構造**をとることで
★ | **57** | その**機能**が発揮される。**次の3点**を押さえよう！

1 タンパク質には**特定の物質とだけ結合する部位**があり，これにより特異性が発揮できる。　例 酵素における活性部位

2 タンパク質の立体構造が変化することを 変性 といい，変性によってタンパク質の機能が失われることを 失活 という。

　　⇨ **高温**や**極端なpH**の変動によってタンパク質は変性する。

3 ポリペプチド鎖が正しい立体構造を持ったタンパク質になるのを助ける
タンパク質を**シャペロン**という。

> 補足　リボソームの働きで合成された一次構造を持つポリペプチド鎖は，シャペロンの働
> きで正しく折りたたまれ，正しい立体構造を持つようになる。シャペロンにはさま
> ざまな種類があり，タンパク質が特定の細胞小器官に移動するのを助けたり，変性
> したタンパク質を正常な立体構造に戻したり，異常な構造のタンパク質の分解を助
> けたりするものもある（⇨最重要96）。

★★★ 最重要 **58**

3種類の**細胞骨格**の構成タンパク質と役割を押さえよう！

1 微小管 ―― 最も太い・球状のタンパク質 **チューブリン**からなる。

役割：**中心体**や紡錘糸を構成 ⇨ **鞭毛・繊毛運動**に関与。

　　　細胞内の染色体（細胞分裂後期）や小胞，細胞小器官の輸送

2 中間径フィラメント ―― 3種類ある中の中間の太さ・繊維状のタンパク質 **ケラチン**などからなる。

役割：細胞膜や核膜の内側に分布し，細胞や核の形の保持

　　　細胞接着の**デスモソーム**に関与（⇨最重要60）

3 アクチンフィラメント ―― 最も細い・球状のタンパク質 **アクチン**からなる。

役割：細胞質流動，アメーバ運動，**筋収縮**，**細胞質分裂**に働く。（動物細胞の細胞分裂の終期に起こる。）

　　　細胞接着の**接着結合**に関与（⇨最重要60）。

★★★ 最重要 **59**

3種類の**モータータンパク質**と関与する**細胞骨格**との関係を押さえよ！

ATPのエネルギーを用いて運動するタンパク質

1 ダイニン ｜ 微小管の上を運動
2 キネシン ｜ （「**微笑は大好きね**」と覚えよう！）

3 ミオシン ―― **アクチンフィラメント**の上を運動。

60 細胞間結合には密着結合，固定結合，ギャップ結合がある。それぞれの違いを押さえよう！

最重要
★★

1 密着結合——膜を貫通する接着タンパク質により結合し，細胞どうしを**隙間なく密着**させる。

┗━ 水分子も通れない。

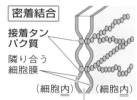

密着結合

接着タンパク質

隣り合う細胞膜

（細胞内）（細胞内）

細胞間隙

2 固定結合——**カドヘリン**どうしによって細胞どうしが結合し，細胞内では**細胞骨格が結合**し，伸縮性や強度を与える。

① **接着結合**：関与する細胞骨格が**アクチンフィラメント**。

② **デスモソーム**による結合：関与する細胞骨格が**中間径フィラメント**。

┗━ ボタン状の構造体。

3 ギャップ結合——膜を貫通する中空の管状のタンパク質による結合。このタンパク質を通って，イオンや低分子物質が移動する。

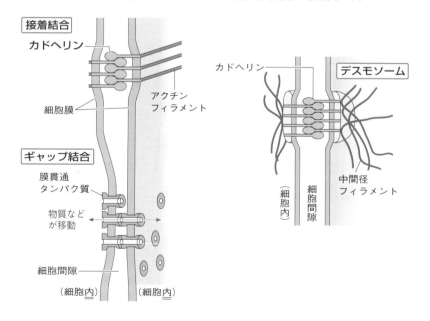

接着結合

カドヘリン

細胞膜

アクチンフィラメント

ギャップ結合

膜貫通タンパク質

物質などが移動

細胞間隙

（細胞内）（細胞内）

カドヘリン

デスモソーム

中間径フィラメント

（細胞内）

細胞間隙

61 輸送タンパク質の4タイプとその例を押さえよう!

1 **チャネル**——特定の物質のみを通す管のような膜タンパク質

濃度勾配に従った方向にのみ輸送＝**受動輸送** ── 水分子のみ通す。

　　例 ナトリウムチャネル，カリウムチャネル，**アクアポリン**

── 担体ともいう。

2 **輸送体**——特定の物質といったん結合して輸送する膜タンパク質

① **濃度勾配に従った方向**にのみ輸送＝受動輸送

　　例 グルコース輸送体

② **エネルギーを用いて濃度勾配に逆らった方向**にも輸送＝**能動輸送**

　　例 **ナトリウムポンプ** ←─ ATPのエネルギーを用いてNa$^+$を細胞外に，K$^+$を細胞内に輸送する。

3 **共輸送体**：ある物質が濃度勾配に従って輸送される際に，別の物質を濃度勾配に逆らってでも輸送する膜タンパク質 ⇨ 間接的な能動輸送

　　例 Na$^+$／グルコース共輸送体

解説 Na$^+$が濃度勾配に従って細胞内に輸送される際に，グルコースも一緒に細胞内に輸送する。Na$^+$は濃度勾配に従って，グルコースは濃度勾配に逆らって輸送することができる。このような輸送は**共輸送**という。

62 ホルモンや神経伝達物質の**受容体の** **4タイプ**を理解しよう!

1 細胞膜にある**受容体3タイプ**

① **イオンチャネル型受容体** ── 副交感神経や運動神経末端から放出される神経伝達物質（⇨最重要143）。

　　例 アセチルコリン受容体＝伝達物質依存性チャネル

解説 アセチルコリンが結合するとチャネルが開き，Na$^+$が流入して膜電位をプラス方向に変化させる。

② Gタンパク質 共役型受容体 ← GTP（グアノシン三リン酸）やGDPによって活性が
調節されるタンパク質

例 アドレナリンの受容体, グルカゴンの受容体 ← すい臓ランゲルハンス島A細胞
から分泌されるホルモン

└── 副腎髄質から分泌されるホルモン

環状のアデノ
シン一リン酸 ─→

解説 アドレナリンあるいはグルカゴンが結合すると**Gタンパク質が活性化**し, cAMP
を生成する。cAMPの働きで特定の酵素が活性化し, ホルモンの作用を表す。
└── 細胞内で情報伝達を行うセカンドメッセンジャー

③ **酵素型受容体** 例 **インスリンの受容体**

解説 インスリンが結合すると**受容体自身の酵素が活性化**し, これにより次々に細胞内
のタンパク質が活性化(リン酸化)してホルモンの作用を表す。

2 細胞**内**にある受容体

いずれも細胞膜を透過する
ことができるホルモン

例 糖質コルチコイド, 鉱質コルチコイド, チロキシンの受容体

└── 副腎皮質から分泌されるホルモン ─┘   └── 甲状腺から分泌されるホルモン

解説 ホルモンと結合して生じた複合体が核内で**転写調節因子**(⇨最重要105)として働き,
ホルモン応答遺伝子の発現を調節し, ホルモンの作用を表す。

★
★
★   最重要
★   **63**   **免疫**に関与する**5種類のタンパク質**を
マスターしよう！

1 免疫に関与する**膜タンパク質**

① **Toll様受容体** (**TLR** : Toll Like Receptor)

いずれも食作用を行う食細胞 ─→

⇨ **好中球, マクロファージ, 樹状細胞** のみが持つ。

⇨ 多くの病原体に共通する構造の**パターンを認識**し**自然免疫**に働く。

② **MHC分子** ← MHC抗原ともいう。

赤血球にはない。   いずれも抗原
提示を行う。

┌ MHC分子クラスI…ほとんどの細胞が持つ。

⇨ **細胞内で生成された物質**を提示。

└ MHC分子クラスII… **樹状細胞, マクロファージ, B細胞** が持つ。

⇨ **細胞が取り込んだ物質**を提示。

③ **T細胞受容体**(**TCR** : T-Cell Receptor)…T細胞のみが持つ。

⇨ **提示された物質とMHC分子の複合体**を認識。

④ **B細胞受容体**(BCR：B-Cell Receptor)

…B細胞のみが持つ。

⇨ これと結合した物質をB細胞が取り込む。

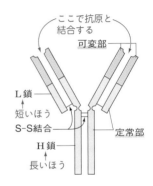

ここで抗原と結合する

可変部

L鎖

短いほう

S-S結合

H鎖

長いほう

定常部

2 抗体＝ 免疫グロブリン

解説 B細胞から分化した**抗体産生細胞(形質細胞)**が産生し，体液中に分泌する。短いL鎖(Light)と長いH鎖(Heavy) 2本ずつ4本のポリペプチドからなり，右図のような構造をしている。

➡ スピードチェック

□1 アミノ酸どうしの結合を何というか。
➡ 最重要 55

□2 タンパク質を構成するアミノ酸は何種類あるか。
➡ 最重要 55

□3 1つのポリペプチド全体が示す立体構造を何次構造というか。
➡ 最重要 56

□4 中心体や紡錘糸を構成する細胞骨格は何か。
➡ 最重要 58

□5 4の上を運動するモータータンパク質を2つ挙げよ。
➡ 最重要 59

□6 細胞どうしの固定結合に関与する接着タンパク質は何か。
➡ 最重要 60

□7 水分子のみを通すチャネルを何というか。
➡ 最重要 61

□8 細胞内に受容体を持つホルモンを次の中からすべて選べ。
　　ア アドレナリン　　**イ** チロキシン
　　ウ グルカゴン　　　**エ** 糖質コルチコイド
➡ 最重要 62

□9 ほとんどの細胞の表面に存在し抗原提示に働く膜タンパク質を何というか。
➡ 最重要 63

解答

1 ペプチド結合　　　2 20種類　　　3 三次構造　　　4 微小管
5 ダイニンとキネシン　　6 カドヘリン　　7 アクアポリン
8 イとエ　　　　　9 MHC分子(MHC抗原)

9 ▶ 酵素

★
★ 最重要
★ 64
★

まずは，**酵素の特徴**を押さえよう！

1 酵素は**生体|触媒|**(有機触媒)である。

① **触媒**は，小さなエネルギーを加えた
だけで反応が起こるようにして(**活性
化エネルギーを低下させて**)，反応を
促進する物質。

② **触媒**自身は反応の前後で変化せず，
消費されない。

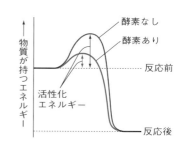

2 **基質特異性**——酵素は，それぞれ特定の**|基質|**(働きかける相手)に
しか作用できない。

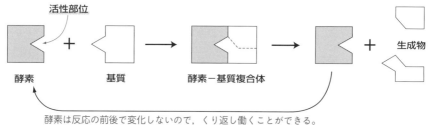

酵素は反応の前後で変化しないので，くり返し働くことができる。

解説 酵素に基質特異性があるのは，触媒作用を現す部位(**活性部位**という)が特定の物質
とだけ結合できるようになっているからである。

3 酵素の本体は**|タンパク質|**。➡ **最適温度・最適pHがあり，失活も
する。**

解説 タンパク質は，一般に高温では立体構造が変化し(**変性**という)，その結果酵素の働
きが失われる(**失活**という)。また，タンパク質は酸やアルカリの影響も受けやすい。
そのため，酵素作用には最適温度や最適pHが存在する。

4 酵素によっては，**タンパク質以外の成分を持つものもある。**

① タンパク質以外の成分を**補助因子**という。

② 補助因子には，**金属**（FeやZnなど）の場合と**低分子有機物**（ 補酵素 という）の場合がある。

　　例 NAD⁺（ニコチンアミドアデニンジヌクレオチド）
　　　　└── 脱水素酵素に結合する補酵素

③ タンパク質は熱によって変性するが，**補酵素は熱に強い！**

解説 補酵素とそれが結合するタンパク質成分はそれぞれ単独では作用しない。一般に補酵素の部分はタンパク質の部分と容易に解離するのに対し，金属の場合は容易には解離できない。

　　　　　　　　　　　　　　　⇨最重要69「透析」にも注意！

★
★ 最重要
★ **65**

超重要酵素ベスト**12**！まずはこれを覚えよ！

消化に働く
① **アミラーゼ**：デンプンをマルトースに加水分解 ⇨ 最重要66
② **ペプシン**：タンパク質をペプチドに加水分解 ⇨ 最重要66
③ **トリプシン**：タンパク質をペプチドに加水分解 ⇨ 最重要66
④ **リパーゼ**：脂肪を脂肪酸と<u>モノグリセリド</u>に加水分解 ⇨ 最重要74
　　　　　　　　　　　└── グリセリンに脂肪酸が1分子結合したもの

代謝に働く
⑤ **ATPアーゼ**：ATPをADPとリン酸に加水分解 ⇨ 最重要70
⑥ **脱水素酵素**：有機物から水素（電子）を取り**補酵素**に渡す ⇨ 最重要71
　　　　　　　　　　　　　　　　　　└── NAD⁺やFAD
⑦ **カタラーゼ**：過酸化水素を水と酸素に分解
⑧ **ルビスコ**：CO_2とリブロースビスリン酸を結合させる ⇨ 最重要81

遺伝子に関わる
⑨ **DNAポリメラーゼ**：ヌクレオチドを結合してDNA鎖を伸長する ⇨ 最重要91
⑩ **DNAリガーゼ**：DNA断片どうしを連結させる ⇨ 最重要91
⑪ **RNAポリメラーゼ**：DNAから転写によりRNAを合成する ⇨ 最重要94
⑫ **制限酵素**：DNAを特定の塩基配列部分で切断する ⇨ 最重要131

酵素 重要グラフベスト４！ なぜこのような

グラフになるかを理解しておこう！ メッチャよく出る!!

1 温度と反応速度

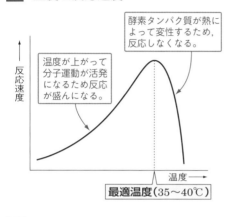

酵素タンパク質が熱によって変性するため，反応しなくなる。

温度が上がって分子運動が活発になるため反応が盛んになる。

反応速度

温度 →

最適温度（35〜40℃）

2 pHと反応速度

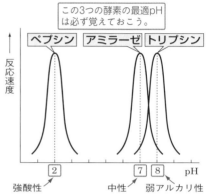

この3つの酵素の最適pHは必ず覚えておこう。

ペプシン アミラーゼ トリプシン

反応速度

2　　　　　7 8　　pH

強酸性　　　　　　　中性　弱アルカリ性

3 基質濃度と反応速度
──酵素濃度は一定

すべての酵素が基質と反応している状態（酵素濃度を上げない限り，これ以上反応速度は上がらない）

反応速度

基質と出会わず働いていない酵素がいる状態（基質がふえるほど多くの酵素が働き，反応速度が上がる）

基質濃度 →

4 生成物の量と時間
──酵素濃度・基質濃度は一定

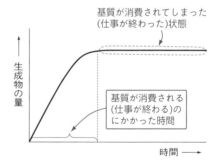

基質が消費されてしまった（仕事が終わった）状態

生成物の量

基質が消費される（仕事が終わる）のにかかった時間

時間 →

補足 上の3と4のグラフは，形は似ているが内容的にはまったく異なる。3と4で酵素濃度を$\frac{1}{2}$にするとどうなるかをグラフで表すと右のようになり，その違いがよくわかるだろう。これらのそれぞれの変化も出題されることがあるので要注意！

3で酵素濃度を$\frac{1}{2}$にする

最大速度が$\frac{1}{2}$になる。

反応速度

基質濃度 →

4で酵素濃度を$\frac{1}{2}$にする

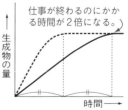

仕事が終わるのにかかる時間が2倍になる。

生成物の量

時間 →

競争的阻害と非競争的阻害の 2つの違いを押さえよう！

最重要 67 ★★★

1 阻害物質が**結合する部位**の違い

> 競争的阻害 ── 阻害物質が酵素の**活性部位**に結合
>
> アロステリック部位という。
>
> 非競争的阻害 ── 阻害物質は酵素の**活性部位以外の部位**に結合

2 **基質濃度と反応速度のグラフ**での違い

> 競争的阻害 ── 基質濃度によって阻害程度が異なる
>   ⇨ **最大速度には影響しない**
>
> 非競争的阻害 ── 基質濃度に関係なく常に一定の割合で阻害される
>   ⇨ **最大速度も低下**する

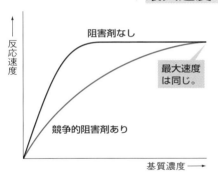

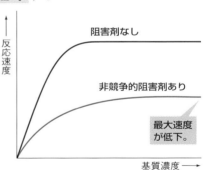

アロステリック酵素の特徴と働きを 理解せよ！

最重要 68 ★★★

1 活性部位以外の結合部位（**アロステリック部位**）を持つ。

2 **アロステリック部位に基質以外の物質が結合することで，活性が上昇したり低下したりする。** ⇨ 必ずしも阻害ではない！

> 例 ホスホフルクトキナーゼというアロステリック酵素では，アロステリック部位にATP
> が結合すると酵素活性が低下し，ADPが結合すると酵素活性が上昇する。

解説 ホスホフルクトキナーゼは解糖系（⇨最重要71）に関与する酵素（下右図）。反応が進むとATPが増加し，これにより酵素活性が低下する。逆にADPが増加したとき（ATPが少ないとき）には酵素活性が上昇する。このように最終的な結果が原因に働いて調節することを**フィードバック調節**という。これにより過剰な生成物の蓄積や無駄な基質の消費を防ぐことができる。　　論述問題でよく問われる。

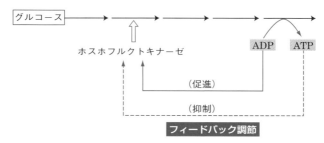

★
最重要
69

透析実験は，次のポイントを押さえればOK！

1 **透析** ——セロハン膜などの半透膜で，補酵素（⇨最重要64）を分離する操作。⇨ 袋の中にはタンパク質の本体が残り，袋の外に補酵素が出てしまう。

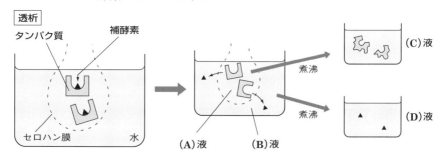

2 変性していないタンパク質成分と補酵素が合わされば酵素作用は回復する！よって，（**A**）＋（**B**）や（**A**）＋（**D**）では酵素作用が回復する。

☐ 1 酵素が特定の物質にしか作用しない性質を何というか。 ➡ 最重要 64

☐ 2 酵素が基質と結合し触媒作用を表す部位を何というか。 ➡ 最重要 64

☐ 3 過酸化水素を水と酸素に分解する酵素の名称を答えよ。 ➡ 最重要 65

☐ 4 脂肪を脂肪酸とモノグリセリドに分解する酵素の名称を答えよ。 ➡ 最重要 65

☐ 5 ペプシンの最適pHを下から選べ。 ➡ 最重要 66
　　ア pH2　　イ pH5　　ウ pH7　　エ pH8

☐ 6 阻害物質が酵素の活性部位に結合することで酵素反応を妨げることを何阻害というか。 ➡ 最重要 67

☐ 7 6の場合，基質濃度が十分にある条件下での酵素の反応の最大速度は，阻害物質の添加によって低下するか変化しないか。 ➡ 最重要 67

☐ 8 2以外の結合部位を持ち，その部位に基質以外の物質が結合することで活性が低下または上昇する酵素を何というか。 ➡ 最重要 68

☐ 9 連続した一連の反応の最終的な結果が原因に働いて調節することを何というか。 ➡ 最重要 68

☐10 ある酵素を含んだ液体をセロハン膜の袋に入れて蒸留水に浸し，透析を行うと，酵素が活性を失った。これは透析によって何が袋の外に流出してしまったためか。 ➡ 最重要 69

解答

1 基質特異性　　2 活性部位　　3 カタラーゼ　　4 リパーゼ　　5 ア
6 競争的阻害　　7 変化しない　　8 アロステリック酵素
9 フィードバック調節　　10 補酵素

10 呼吸

★★★ 最重要

70 エネルギーの受け渡しは**ATP**によって行われる。

─── 注意！3ではなく「三」。

1 ATPは**アデノシン 三 リン酸**の略。次のような構造をしている。

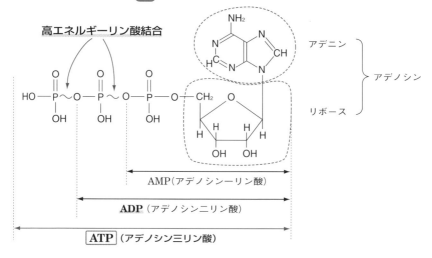

高エネルギーリン酸結合

アデニン
アデノシン
リボース

AMP（アデノシン一リン酸）

ADP（アデノシン二リン酸）

ATP（アデノシン三リン酸）

2 生物はエネルギーを用いてATPを合成し，**ATPの分解で生じたエネルギーでさまざまな生命現象が行われる**。

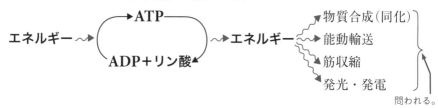

エネルギー〜▶︎ → ATP → 〜▶︎エネルギー 〜▶︎ 物質合成（同化）
　　　　　　ADP＋リン酸◀ 　　　　　　→ 能動輸送
　　　　　　　　　　　　　　　　　　　　→ 筋収縮
　　　　　　　　　　　　　　　　　　　　→ 発光・発電
　　　　　　　　　　　　　　　　　　　　　　　　問われる。

3 ATPは，**ATPアーゼ**によって加水分解される。

ATP ＋ H₂O ⟶ ADP ＋ H₃PO₄
　　　└─ 加水分解反応　　　　　リン酸

最重要

71

★★★★★

酸素を必要とするのが呼吸。
3段階の反応からなる。

1 第1段階：**解糖系** (細胞質基質で行われる)…差し引き **2ATP生じる**
（⇨最重要73）。

サイトゾルともいう。

2 第2段階：**クエン酸回路** (ミトコンドリアのマトリックスで行われる)…**2ATP生じる。**

3 第3段階：**電子伝達系** (ミトコンドリアの内膜で行われる)
…**最大34ATP生じる。** **直接酸素を使う** 反応。

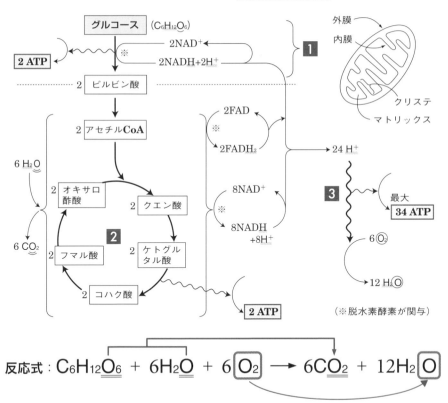

反応式：$C_6H_{12}O_6 + 6H_2O + 6\boxed{O_2} \longrightarrow 6C\underline{O_2} + 12H_2\boxed{O}$

解説 解糖系は乳酸発酵やアルコール発酵の解糖系とまったく同じ。生じたピルビン酸は，ミトコンドリアに取り込まれ，**クエン酸回路**で脱水素・脱炭酸され，ピルビン酸1分子あたり1分子のATPが生成される。

ミトコンドリアの電子伝達系でのATPの生成のしくみを理解しよう！

図を見ながら，**H^+の移動の方向に注意して**，ストーリーを口に出してしゃべれるようにするべし‼

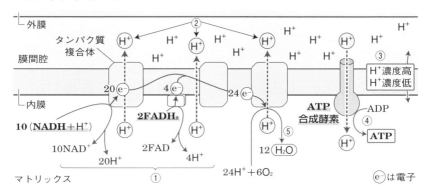

① NADHやFADH₂に含まれていた電子(e^-)が，ミトコンドリアの内膜に埋め込まれているタンパク質の間を受け渡される。

② このときに生じたエネルギーを用いてマトリックスにある水素イオン(H^+)がミトコンドリアの外膜と内膜の間(膜間腔)に輸送(**能動輸送**)される。

③ その結果，膜間腔のH^+濃度が高くなり，膜間腔とマトリックスの間でH^+の**濃度勾配**ができる。

———— 内膜の膜タンパク質の1つ。

④ **ATP合成酵素**の中を濃度勾配に従って，**H^+が膜間腔からマトリックスのほうへ流入**する。このときATP合成酵素の一部分が回転し，この運動エネルギーを利用してATP合成酵素がADPとリン酸からATPを合成する。

⑤ 内膜のタンパク質の間を受け渡された電子は，最終的にはH^+および酸素と反応して水になる。

ミトコンドリアの**電子伝達系**で，最終的に電子が酸素と反応して行われるATPの生成の仕方を **酸化的リン酸化** という。

乳酸発酵とアルコール発酵のあらすじを
違いや共通点とともに理解しよう！

1 乳酸発酵 — 乳酸菌（細菌）が行う。**細胞質基質**で行われる。
酸素が存在しない条件下で行われる。

① 反応の過程

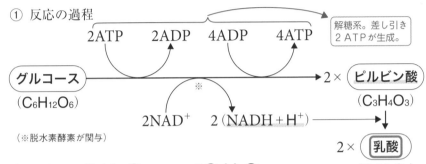

解糖系。差し引き2ATPが生成。

（※脱水素酵素が関与）

② 反応式：$C_6H_{12}O_6 \longrightarrow 2C_3H_6O_3$

③ { 解糖：動物の筋肉中で行われる，乳酸発酵と同様の過程。

解糖系：グルコースが**ピルビン酸**に変化するまでの過程。 ← 呼吸と共通。

解説 解糖系では 脱水素酵素 の働きでグルコース1分子あたり4つの水素原子が取られる。この水素イオンと電子がNAD^+に渡され，NADHが生じる。同時に差し引き2分子のATPが生成される。ピルビン酸はNADHによって**還元**され（水素をもらい）**乳酸**になる。

2 アルコール発酵 — 酵母（菌類）や発芽しかけの種子が行う。
細胞質基質で行われる。酸素がない条件下で行われる。

① 反応の過程 ← 呼吸や乳酸発酵と同じ。

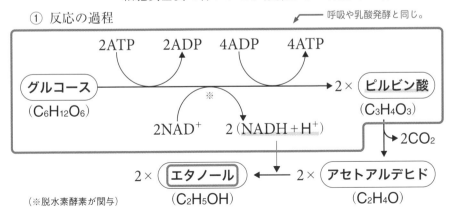

（※脱水素酵素が関与）

② 反応式：$C_6H_{12}O_6 \longrightarrow 2CO_2 + 2C_2H_5OH$

> **解説** グルコースがピルビン酸に変化するまでの過程(**解糖系**)は乳酸発酵とまったく同
> じで，結果的にグルコース1分子あたり2分子のATPが生成され，2分子のピ
> ルビン酸が生じる。ピルビン酸は**脱炭酸酵素**の働きでCO_2が取られ，**アセトアル
> デヒド**になる。さらにアセトアルデヒドはNADHによって還元され(水素をもらい)
> **エタノール**になる。

脂肪やタンパク質を呼吸基質とした場合の呼吸の経路は次の図だけ覚えればOK!!

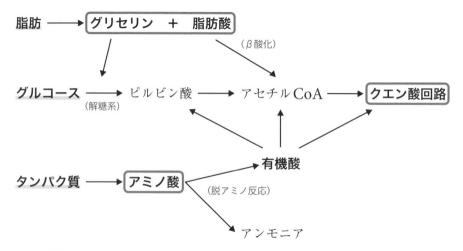

> **解説** 脂肪は消化管の中でリパーゼにより**モノグリセリド**と**脂肪酸**に分解されるが，モノ
> グリセリドは細胞内でグリセリンとなって解糖系に入り，脂肪酸は複雑な反応を経
> て**アセチルCoA**となる(脂肪酸からアセチルCoAが生じる反応を**β酸化**という)。タ
> ンパク質は，アミノ酸に分解され，アミノ酸のアミノ基はアンモニアとして遊離さ
> れる。この反応を**脱アミノ反応**という。アミノ酸は脱アミノされると**有機酸**になり，
> 有機酸はクエン酸回路に入る(ピルビン酸，アセチルCoA，クエン酸，ケトグルタ
> ル酸，コハク酸，オキサロ酢酸などを有機酸という)。

最重要 75
★★★

呼吸商を求める実験は重要！それぞれの装置で何が測定できるかを理解しよう！

1 呼吸商を求める実験の装置

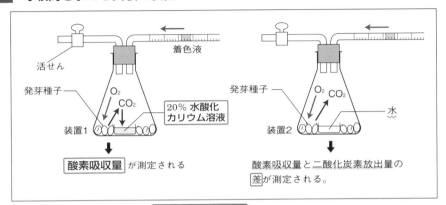

活せん

発芽種子 — O_2 CO_2

装置1 — 20% 水酸化カリウム溶液

着色液

酸素吸収量 が測定される

発芽種子 — O_2 CO_2 — 水

装置2

酸素吸収量と二酸化炭素放出量の 差 が測定される。

補足 装置1に入れてある 水酸化カリウム溶液 は空気中の二酸化炭素(CO_2)を吸収する働きがある。そのためCO_2については，呼吸によって放出されたぶんだけ水酸化カリウム溶液が吸収するので増減0となり，生物が吸収した酸素のぶんだけ着色液が左に移動する。装置2では水酸化カリウム溶液が入っていないので，酸素吸収量とCO_2放出量の差のぶんだけ着色液が移動することになる。

2 呼吸商は次の式で求められる。

$$呼吸商 = \frac{二酸化炭素の体積}{酸素の体積} = \frac{装置1の結果 - 装置2の結果}{装置1の結果}$$

3 呼吸商の値は，呼吸基質によってほぼ決まった値になる。

呼吸基質		呼吸商
炭水化物	…………	**1.0**
タンパク質	………	**0.8**
脂肪	……………	**0.7**

これらの数字は覚えておこう。
（炭水化物が1で，脂肪が一番呼吸商が小さい）

補足 発酵では二酸化炭素の放出のみが起こるため，酵母などで呼吸商が1以上になることがある。このような場合，発酵と呼吸が同時に行われていると考えることができる。

ツンベルク管の実験は次のポイントをマスターすれば**OK**！**記述問題**でよく問われる！

① 右図の実験器具の名は，ツンベルク管。

手順1：副室にコハク酸ナトリウムとメチレンブルー（Mb），主室にニワトリの胸筋をすりつぶしたもの（これが酵素液）を入れる。 ← 重要！

手順2：真空ポンプで管の中の空気を抜く。

手順3：副室を回して穴を閉じ，主室に副室の液を入れ混合する。 ➡**結果**：青色がしだいに脱色される。

手順4：穴を開けて空気を入れる。 ➡**結果**：再び青色に戻る。

（図中ラベル）

副室

真空ポンプと連結して空気を抜く

コハク酸ナトリウム＋メチレンブルー

主室

酵素液

② **手順3**で**青色が脱色されたとき**起こっている反応は？

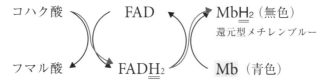

コハク酸 → FAD → MbH₂（無色） 還元型メチレンブルー

フマル酸 → FADH₂ → Mb（青色）

解説 ニワトリの胸筋に含まれる**脱水素酵素**によってコハク酸から水素が奪われ，生じた水素はいったんFADに預けられる。さらに水素はMbと反応しMbH₂となる。Mbは青色だが，MbH₂は無色なので，管の中の色は青色から無色へと変化する。この実験で働いている酵素は脱水素酵素（厳密にはコハク酸脱水素酵素），基質はコハク酸である。

③ この反応によって**コハク酸は**酸化され，**メチレンブルーは**還元されたことになる。 ← 問われる。

④ **手順4**で**再び青色に戻った**のは？

⇨ 空気中の酸素によって MbH₂が酸化 され，Mbに戻ったから。

⑤ **手順2**であらかじめ**空気を抜く**のは？ ← 記述問題の定番！

⇨ 還元されたメチレンブルーが**空気中の酸素によって酸化されないようにする**ため。

補足 副室に基質を加えなくてもわずかながら青色が脱色する場合がある。これは胸筋をすりつぶした中にわずかながら基質が残っているからである。酵素液と呼ばれていても，純粋に酵素のみが含まれているわけではないので注意しよう。

77 酵母の呼吸と発酵に関する計算をマスターしよう!! ポイントは次の3点。

① 酵母は，条件によって次の3通りの異化を行う。

酸素が十分ある	とき	⇒	呼吸 のみ
酸素が**ない**とき		⇒	**アルコール発酵**のみ
酸素が少しあるとき		⇒	呼吸とアルコール発酵の両方

② アルコール発酵の反応式

$$C_6H_{12}O_6 \longrightarrow \underline{\underline{2}}CO_2 + \underline{\underline{2}}C_2H_5OH$$

③ 呼吸の反応式

$$C_6H_{12}O_6 + \underline{\underline{6}}O_2 + \underline{\underline{6}}H_2O \longrightarrow \underline{\underline{6}}CO_2 + \underline{\underline{12}}H_2O$$

これらの比率を表す数字が重要。

例題 酵母の呼吸・発酵の呼吸基質と生成物量の計算

　ある条件でグルコースを呼吸基質にして酵母を培養すると，一定時間に64mgの酸素を吸収し，264mgの二酸化炭素を放出した。このとき消費されたグルコース量を求めよ。(原子量はC = 12　H = 1　O = 16)

解説 酸素が吸収されているので呼吸を行っていることは確かである。アルコール発酵も行っているかどうかはまだわからないが，とりあえず両方行われているとして両方の**反応式から必要な部分だけを取り出し**(この問題で必要なのはグルコース，酸素，二酸化炭素の3つ)，それぞれ分子量を計算する。

呼　吸　　　　　$C_6H_{12}O_6$ + $6O_2$ ⟶ $6CO_2$
　　　　　　　　 180　　 6×32　　 6×44
　　　　　　　　 x_1　　　 ①　　　 ②

アルコール発酵　$C_6H_{12}O_6$　　　　⟶ $2CO_2$
　　　　　　　　 180　　　　　　 2×44
　　　　　　　　 x_2　　　　　　 ③

吸収した酸素が64mgなので，①の部分が64mgとわかる。
これをもとに比例式をつくると，

$$\frac{x_1}{180} = \frac{64\,\text{mg}}{6 \times 32}$$

$$x_1 = \frac{180 \times 64\,\text{mg}}{6 \times 32} = 60\,\text{mg}$$

同様に，②$= \dfrac{6 \times 44 \times 64\,\text{mg}}{6 \times 32} = 88\,\text{mg}$

放出した二酸化炭素は，②よりも多い264 mgだったので，アルコール発酵も行っていたことがわかる。この264 mgが②と③の合計に相当する。呼吸で放出した二酸化炭素が88 mgだったので，アルコール発酵で放出された二酸化炭素すなわち③は

$$264\,\text{mg} - 88\,\text{mg} = 176\,\text{mg}$$

よって，$x_2 = \dfrac{180 \times 176\,\text{mg}}{2 \times 44} = 360\,\text{mg}$

したがって，消費されたグルコースは

$$x_1 + x_2 = 60\,\text{mg} + 360\,\text{mg} = 420\,\text{mg}$$

答 **420 mg**

最重要 78

アルコール発酵の実験については，次の3つのポイントだけ!!

1 器具の名称―― **キューネ発酵管**

2 右図の溶液に**水酸化ナトリウム溶液**を注入すると，盲管部にたまっていた気体が，溶液に溶ける。

⇨ 盲管部にたまる気体は **二酸化炭素** だとわかる。

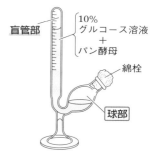

盲管部
10%グルコース溶液＋パン酵母
綿栓
球部

解説 二酸化炭素は水酸化ナトリウム溶液や水酸化カリウム溶液によく溶ける。

3 **ヨウ素ヨウ化カリウム溶液**を添加して60℃に加熱すると，液が黄色に変化し，**ヨードホルム臭**がする。 ←―――― 消毒薬のにおい

⇨ **エタノール** が生じていたことがわかる。

解説 エタノールと水酸化ナトリウムおよびヨウ素が反応し，ヨードホルムが生じる。この反応を**ヨードホルム反応**という。

$$C_2H_5OH + 4I_2 + 6NaOH \longrightarrow HCOONa + CHI_3 + 5NaI + 5H_2O$$
　　　　　　　　　　　　　　　　　　　　ヨードホルム

□ 1 ATPは何という名称の略か。 ➡ 最重要 70

□ 2 呼吸の第1段階目の解糖系が行われるのは細胞の中のどの部分か。 ➡ 最重要 71

□ 3 解糖系ではグルコース1分子から何分子のATPが生成されるか。 ➡ 最重要 71

□ 4 次の中で，直接酸素を使う反応はどれか。
　　ア 解糖系　　イ クエン酸回路　　ウ 電子伝達系 ➡ 最重要 71

□ 5 1分子のグルコースが呼吸の反応によって消費されたとき，生じるCO_2は何分子か。 ➡ 最重要 71

□ 6 ミトコンドリアで行われる電子伝達系においてNADHなどを介してATPを生成する反応を何というか。 ➡ 最重要 72

□ 7 グルコースがエタノールにまで分解される発酵を何というか。 ➡ 最重要 73

□ 8 脂肪から生じた脂肪酸は$β$酸化によって何という物質に変化してからクエン酸回路に入るか。 ➡ 最重要 74

□ 9 タンパク質が呼吸基質の場合，呼吸商はどのくらいの値になるか。
　　ア 1.0　　イ 0.8　　ウ 0.7 ➡ 最重要 75

□10 ツンベルク管の実験で，メチレンブルーが無色になったときメチレンブルーは酸化されたのか還元されたのか。 ➡ 最重要 76

□11 キューネ発酵管を用いて酵母による発酵の実験を行った。ヨウ素ヨウ化カリウム溶液を加えて加熱すると管内の液体は黄色に変化しヨードホルム臭がした。この発酵によって生じた物質は何か。 ➡ 最重要 78

解答

1 アデノシン三リン酸　　2 細胞質基質（サイトゾル）　　3 2分子　　4 ウ
5 6分子　　6 酸化的リン酸化　　7 アルコール発酵　　8 アセチルCoA
9 イ　　10 還元　　11 エタノール

11 ▶ 炭酸同化

最重要
79
★★

光合成の反応のうち，まずは**チラコイド膜**で行われる反応を押さえよう！

1 光化学系 $\boxed{\text{II}}$：水の分解 ⇨ 酸素発生
2 電子伝達系　：ATP合成 ⎫
3 光化学系 $\boxed{\text{I}}$：NADPHの生成 ⎬ ➡最重要81の反応へ

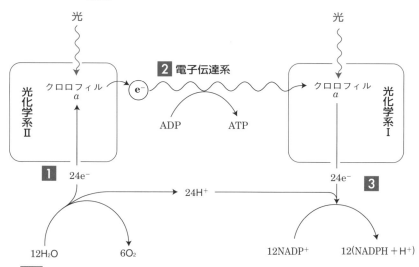

解説 **チラコイド膜**には，**クロロフィルa・b**やカロテノイドなどの光合成色素とタンパク質が結合した色素タンパク質複合体があり，その中心部(これを**反応中心**という)にはクロロフィルaがある。複合体のさまざまな色素が吸収した光エネルギーがこの反応中心に集められると，クロロフィルaから電子が飛び出す。このエネルギーによって**光化学系II**では水が分解されて酸素O_2が発生し電子が放出される(クロロフィルaは放出した分の電子をここから受け取る)。光化学系IIで放出された電子は，**電子伝達系**を通り(このとき**ATP**が合成される)，**光化学系I**に渡される。光化学系Iでは渡された電子およびH^+と$NADP^+$から$NADPH$を生成する。

チラコイド膜における電子伝達系でのATP合成のあらすじをH⁺の移動に注目して理解しよう!!

最重要 80

★★★

図を見ながら，あらすじがしゃべれるように！

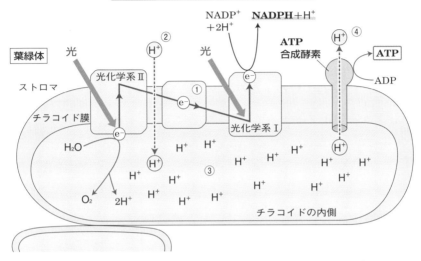

① 光化学系Ⅱで放出された電子(e⁻)が，チラコイド膜に埋め込まれている
   タンパク質の間を受け渡される。

② このときに生じたエネルギーを用いてストロマにある水素イオン(H^+)が
   チラコイド内に輸送(能動輸送)される。

③ その結果，チラコイド内とストロマの間でH^+の**濃度勾配**ができる
   (チラコイド内のほうがH^+濃度が高い)。

④ **ATP合成酵素**の中を濃度勾配に従って，H^+が**チラコイド内からス
   トロマ側へ流出する**。このときATP合成酵素の一部分が回転し，この運
   動エネルギーを利用して**ATP合成酵素**がADPとリン酸からATPを合成
   する。
   膜貫通タンパク質

⑤ このような，葉緑体での電子伝達系における，光エネルギーをもとにし
   たATP生成のしかたを **光リン酸化** という。

★
★ **最重要**
★ **81** ストロマで行われるのは，**カルビン回路**。
★

1 **6分子のCO₂**と**6分子のRuBP**（C₅化合物）が反応して**12分子の**
PGA（C₃化合物）が生じる。この反応に関与する酵素は**ルビスコ**
（RubisCO：RuBPカルボキシラーゼ／オキシゲナーゼ）。

2 PGAはGAPを経てRuBPに戻る。この間に ── これらのPはリン酸を含んでいる物質を意味する。
18分子のATPと12分子のNADPHを消費する。

3 GAPからフルクトースビスリン酸を経て，最終的にデンプンなどの炭
水化物がつくられる。

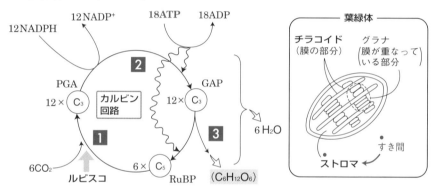

PGA：ホスホグリセリン酸　RuBP：リブロースビスリン酸　GAP：グリセルアルデヒドリン酸

★
★ **最重要**
★ **82** **光合成全体の反応式は次の通り。**
★

$$12H_2\underline{O} \ + \ 6C\boxed{O_2} \ \longrightarrow \ 6\underline{O_2} \ + \ 6H_2\boxed{O} \ + \ C_6H_{12}\boxed{O_6}$$

── 発生するO₂は水に由来する。

解説 光合成で用いられる水にも二酸化炭素にも酸素原子Oが含まれるが，**H₂Oの酸素原**
子はチラコイドでの反応によって**O₂となって気孔から放出される**のに対し，**CO₂に**
含まれていた酸素原子はカルビン回路で生成される炭水化物の中の酸素などとして
用いられる。酸素の使われ方の違いを意識して反応式が書けるようにしておこう。

ヒルの実験の内容を押さえよう！**シュウ酸鉄**（Ⅲ）は$NADP^+$の代わりに**電子受容体**として働く。

実験1：空気を抜き，葉緑体の断片に光を照射する。⇨ **酸素は発生しない**。

実験2：空気を抜き，葉緑体の断片に シュウ酸鉄（Ⅲ） を加えて光を照射する。
⇨ **酸素が発生する**。このとき，シュウ酸鉄（Ⅲ）は還元されてシュウ
酸鉄（Ⅱ）となる。
　　　　　　　　　　　 ┌─ 電子を受け取る，
　　　　　　　　　　　　　 または水素と結合しやすい。

➡**結論**：光合成での酸素発生には，還元されやすい物質（酸化剤。この実験
ではシュウ酸鉄（Ⅲ），実際の光合成では$NADP^+$）が必要。

　このように，水が分解され，生じた水素が電子受容体に預けられることで
酸素が発生する反応を ヒル反応 という。

^{14}Cを使った次の実験は超頻出！

① **急に光照射を停止**　⇨ **C_3が増加**，C_5は減少。（グラフ①）

② **急にCO_2の供給を停止**　⇨ **C_5が増加**，C_3は減少。（グラフ②）

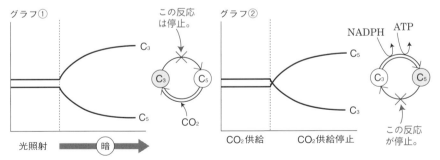

解説 **グラフ①**：急に光照射を停止すると，NADPHやATPが供給されなくなり，C_3（PGA）
からC_5（RuBP）への反応が低下する。しかし，C_5（RuBP）からC_3（PGA）への反
応は行われるのでC_3が増加し，C_5は減少する。
　　グラフ②：CO_2の供給を急に停止すると，C_5からC_3への反応が低下する。しかし，
C_3からC_5への反応は行われるので，C_5は増加し，C_3は減少する。

光合成の計算に必要なポイントは次の**4点**だけ！

1 光合成の反応式：$12H_2O + 6CO_2 \longrightarrow 6O_2 + 6H_2O + C_6H_{12}O_6$

2 （真の）光合成量（速度）－呼吸量（速度）＝見かけの光合成量（速度）

3 「**光合成量を求めよ**」と問われたら ⇨ （真の）光合成量を求める。
　　　└── 「同化量を求めよ」も同じ。

4 「 増加量 を求めよ」と問われたら ⇨ 見かけの光合成量 を求める。

例 題 光の強さとCO_2吸収速度

　右のグラフは，光の強さとCO_2吸収速度
の関係を示したものである。

(1) 40キロルクスにおける光合成速度は15
キロルクスにおける光合成速度の何倍か。
小数点以下第1位まで答えよ。

(2) 10キロルクスの光を8時間照射したとき，
葉面積$100\,cm^2$の葉において，増加した
グルコースは何mgか。小数点以下第1位
まで答えよ。ただし光合成産物も呼吸基質
もグルコースとし，計算のために次の値を用いること。
原子量：H = 1.0，C = 12.0，O = 16.0

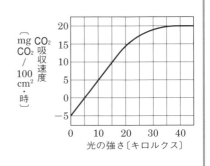

解説 (1) グラフの値は**見かけの光合成速度**である。問われているのは「**光合成速度**」な
ので最重要85－**3**より，（真の）光合成速度を考える。この場合は本当に吸収した
CO_2を求める必要がある。40キロルクスのときの見かけのCO_2吸収速度は
20mg/時，一方，呼吸速度は光の強さが0のところを見て5mg/時（－5mgの
CO_2吸収ということは5mg放出していることになるので，呼吸速度としては
5mgになる）よって真のCO_2吸収速度は20＋5＝25mg/時。同様に15キロルク
スにおける真のCO_2吸収速度は10＋5＝15mg/時。よって$\dfrac{25}{15} = 1.66 ≒ 1.7$倍
けっして$\dfrac{20}{10} = 2.0$倍と答えないように注意しよう！！

(2) 問われているのは「**増加量**」である。最重要85－**4**より見かけの光合成速度に
ついて考えればよい。10キロルクスにおける1時間での見かけのCO_2吸収速度
は5mg。8時間光を照射したので5mg×8＝40mgこれをグルコースに換算する。
光合成の反応式より，$6CO_2$（6×44）から$C_6H_{12}O_6$（180）が生じるので，CO_2

が40mgであれば$\dfrac{180 \times 40}{6 \times 44} = 27.27 ≒ 27.3\,mg$となる。

答 (1) **1.7倍** (2) **27.3mg**

C_4植物とCAM植物の特徴と利点，例を覚えよ！

1 $\boxed{C_4植物}$ の特徴と例

① CO_2から最初に生じる有機物が炭素を4つ持つオキサロ酢酸。

> **解説** 一般的な植物は，CO_2から最初に生じる有機物が炭素3つの化合物(ホスホグリセリン酸：PGA)で，C_4植物に対してC_3植物と呼ばれる。C_4植物は，光合成の最適温度度がC_3植物よりも高く，高温でやや乾燥しやすい場所での生育に適している。

② CO_2を濃縮する回路(C_4回路)を持つので，

低CO_2濃度でも光合成速度が大。◄──── CO_2補償点が非常に低い。

⇨ 気孔開度を小さくし，蒸散量を減らすことができる。

⇨ **高温，乾燥した地域で生育することができる。**

┌── C_3植物はこちらで光合成を行う。

③ C_4回路は葉肉細胞の葉緑体で行い，── 維管束の周囲を取り巻く細胞

カルビン回路は**維管束鞘細胞**の葉緑体で行う。

(C_4回路もカルビン回路も昼間に行う)

④ 例 $\boxed{\textbf{トウモロコシ，サトウキビ}}$

└── とてもとてもとてもよく問われる!!

2 $\boxed{CAM植物}$ の特徴と例 ── C_4植物と同じ。

① CO_2から最初に生じる有機物が**炭素を4つ**持つオキサロ酢酸。

② 夜間に気孔を開いてCO_2を取り込み，オキサロ酢酸から**C_4化合物(リンゴ酸)**を生成し，**液胞**に貯める。昼間にリンゴ酸からCO_2を取り出して炭酸同化を行う。

⇨ 昼間に気孔を閉じなければならない**極端に乾燥する地域での生育を可能にする。**

③ C_4回路もカルビン回路も**葉肉細胞の葉緑体**で行う。

④ 例 **ベンケイソウ，サボテン，パイナップル**

87 原核生物には葉緑体はないが, 光合成を 行う生物がいることに注意!

★★★ 最重要

1 紅色硫黄細菌, 緑色硫黄細菌の光合成

① 水の代わりに $\boxed{\text{硫化水素}}$ を電子源として利用する。

�');酸素は発生せず, **硫黄**が生じる。

② 光合成色素は $\boxed{\text{バクテリオクロロフィル}}$。

③ 反応式:$12H_2S\ +\ 6CO_2\ \longrightarrow\ 12S\ +\ 6H_2O\ +\ C_6H_{12}O_6$
硫化水素　　　　　　　　　硫黄

2 $\boxed{\text{シアノバクテリア}}$ (ユレモ, ネンジュモ)の光合成

① ふつうの植物と同じく**水を電子源として利用する**。➡ **酸素が発生**。

② 光合成色素は**クロロフィル**a。

③ 反応式:$12H_2O\ +\ 6CO_2\ \longrightarrow\ 6O_2\ +\ 6H_2O\ +\ C_6H_{12}O_6$

★★ 最重要

88 無機物の酸化で生じた化学エネルギーを用いて 炭酸同化を行うことを化学合成という。

1 $\boxed{\text{亜硝酸菌}}$ が行う無機物酸化の反応

$2NH_4{}^+\ +\ 3O_2\ \longrightarrow\ 2NO_2{}^-\ +\ 2H_2O\ +\ 4H^+$
アンモニウムイオン　　　　　　亜硝酸イオン

亜硝酸菌と硝酸菌は まとめて**硝化菌**(硝化細菌)と呼ばれる。

2 $\boxed{\text{硝酸菌}}$ が行う無機物酸化の反応

$2NO_2{}^-\ +\ O_2\ \longrightarrow\ 2NO_3{}^-$
亜硝酸イオン　　　　　　硝酸イオン

3 **硫黄細菌**が行う無機物酸化の反応

紅色硫黄細菌や 緑色硫黄細菌とは まったく別の生物!

$2H_2S\ +\ O_2\ \longrightarrow\ 2S\ +\ 2H_2O$
硫化水素　　　　　　　硫黄

$2S\ +\ 3O_2\ +\ 2H_2O\ \longrightarrow\ 2H_2SO_4$
硫酸

4 化学合成細菌には, これ以外にも**鉄細菌**や**水素細菌**などがいる。

□ 1 光合成の反応で，水が分解され酸素が発生するのは，光化学系 Ⅰか光化学系Ⅱか。 ➡ 最重要 79

□ 2 葉緑体での電子伝達系におけるATP生産の反応を何というか。 ➡ 最重要 80

□ 3 カルビン回路において，CO_2から最初に生じるC_3化合物を何 というか。 ➡ 最重要 81

□ 4 3の反応に関与する酵素を何というか。 ➡ 最重要 81

□ 5 光合成で発生する酸素は水とCO_2のいずれに由来するか。 ➡ 最重要 82

□ 6 ヒルの実験で用いるシュウ酸鉄(Ⅲ)は，実際の光合成の反応に おけるどの物質の代わりをしているか。次から選べ。 ➡ 最重要 83

　　ア 水　　**イ** 酸素　　**ウ** $NADP^+$　　**エ** NADPH

□ 7 光合成において，急に光照射を停止すると一時的に増加するの はPGA(ホスホグリセリン酸)かRuBP(リブロースビスリン酸) か。 ➡ 最重要 84

□ 8 見かけの光合成速度を求める式を答えよ。 ➡ 最重要 85

□ 9 C_4植物において，カルビン回路が行われるのは何という細胞か。 ➡ 最重要 86

□10 紅色硫黄細菌の光合成で水の代わりに用いられる物質を次から 選べ。 ➡ 最重要 87

　　ア 硫黄　　**イ** 二酸化硫黄　　**ウ** 硫化水素

□11 無機物の酸化で生じたエネルギーで炭酸同化を行うことを何と いうか。 ➡ 最重要 88

解答

1 光化学系Ⅱ　　2 光リン酸化　　3 ホスホグリセリン酸(PGA)
4 ルビスコ(RuBPカルボキシラーゼ／オキシゲナーゼ)　　5 水　　6 ウ
7 PGA　　8 光合成速度－呼吸速度　　9 維管束鞘細胞　　10 ウ　　11 化学合成

☐ **1** リボソームで合成されたタンパク質が細胞外に分泌されるまでの経路を説明せよ。　➡ 最重要 52

☐ **2** アミノ酸の分子構造について，アミノ基，カルボキシ基，側鎖の語を用いて簡単に説明せよ。　➡ 最重要 55

☐ **3** タンパク質の一次構造，二次構造，三次構造，四次構造をそれぞれ説明せよ。　➡ 最重要 56

☐ **4** ナトリウムポンプについて簡単に説明せよ。　➡ 最重要 61

☐ **5** 受容体が細胞内にあるホルモンにはどのような共通点があるか。　➡ 最重要 62

☐ **6** 酵素反応における競争的阻害と非競争的阻害の違いを説明せよ。　➡ 最重要 67

☐ **7** ミトコンドリアで行われる電子伝達系でのH^+の移動とATP合成について，次の用語を使って説明せよ。　➡ 最重要 72
　　用語：マトリックス　膜間腔　ATP合成酵素　電子伝達
　　　　　濃度勾配

☐ **8** 葉緑体で行われる電子伝達系でのH^+の移動とATP合成について，次の用語を使って説明せよ。　➡ 最重要 80
　　用語：ストロマ　チラコイド　ATP合成酵素　電子伝達
　　　　　濃度勾配

☐ **9** 紅色硫黄細菌の光合成がシアノバクテリアの光合成と異なる点を答えよ。　➡ 最重要 87

☐ **10** 光合成と化学合成の共通点と違いを説明せよ。　➡ 最重要 88

1 リボソームで合成されたタンパク質は，小胞体に入り，小胞体から生じた小胞によって移動し，ゴルジ体に取り込まれる。その後，ゴルジ体から生じた分泌小胞が細胞膜と融合することで細胞外に分泌される。

2 炭素原子に水素原子とアミノ基，カルボキシ基，およびアミノ酸の種類によって異なる側鎖が1つずつ結合している。

（注釈）H → −NH₂ → −COOH
Hの場合もある（グリシン）

3 アミノ酸の種類と配列順序が一次構造，ポリペプチドの部分的な立体構造が二次構造，ポリペプチド全体が示す立体構造が三次構造，ポリペプチドが複数集まってできた構造が四次構造。

4 ATPのエネルギーを用いてNa^+を細胞外に，K^+を細胞内に輸送する輸送体。

（注釈）膜タンパク質

5 疎水性（脂溶性）である（細胞膜を透過することができる）。

（注釈）それ以外の場合，受容体は膜タンパク質として存在する。

6 阻害物質が酵素の活性部位に結合して反応を阻害するのが競争的阻害，阻害物質が活性部位以外に結合して反応を阻害するのが非競争的阻害。

7 電子伝達で生じたエネルギーを用いてH^+がマトリックスから膜間腔に輸送され，H^+の濃度勾配が生じる。この濃度勾配に従って膜間腔からマトリックスへ，ATP合成酵素の中をH^+が移動したときのエネルギーでATPが生成される。

8 電子伝達で生じたエネルギーを用いてH^+がストロマからチラコイド内に輸送され，H^+の濃度勾配が生じる。この濃度勾配に従ってチラコイドからストロマへ，ATP合成酵素の中をH^+が移動したときのエネルギーでATPが生成される。

9 シアノバクテリアの光合成では水が用いられるので酸素が発生するが，紅色硫黄細菌の光合成では水の代わりに硫化水素を用いるため酸素ではなく硫黄が生じる。

（注釈）電子源として

10 共通点…いずれもCO_2から有機物を合成する炭酸同化である。
違い…炭酸同化に，光エネルギーを用いるのが光合成，無機物の酸化で生じた化学エネルギーを用いるのが化学合成である。

12 ▶ DNAの構造と複製

最重要
89
★★★★

核酸には，DNAとRNAの2種類がある。
DNAとRNAの違いを，まず覚えよう。

1 DNAとRNAの違い

ここが違う。

略号	正式名称	糖	塩基	構造
DNA	デオキシリボ核酸	デオキシリボース	A, Ⓣ, G, C	二重らせん
RNA	リボ核酸	リボース	A, Ⓤ, G, C	多くは1本鎖

2 リボースとデオキシリボースの違い

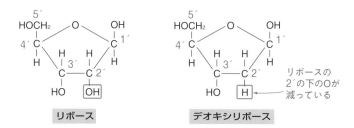

リボースの2′の下のOが減っている

リボース　　　　　　　デオキシリボース

3 糖と塩基が結合したものを**ヌクレオシド**といい，ヌクレオシドに**リン酸**が結合したものを**ヌクレオチド**という。ヌクレオチドが多数鎖状に結合したものが**核酸**。

$$\begin{cases} 糖 + 塩基 &= ヌクレオシド \\ 糖 + 塩基 + リン酸 &= ヌクレオチド \end{cases}$$

解説 塩基の**A**はアデニン，**G**はグアニン，**C**はシトシン，**T**はチミン，**U**はウラシルの略。
アデニンとグアニンはその構造からプリン塩基，それ以外はピリミジン塩基という。

DNAの構造について, 次の4点を覚えよ!!

1 **ヌクレオチドどうしは糖とリン酸の間で結合**し, ヌクレオチド鎖を構成している。

> 補足 リン酸と糖が連なってできた鎖を**主鎖**という。

2 ① DNA分子では, 2本のヌクレオチド鎖が向かい合わせに**塩基どうしの水素結合で結合**している。

② 主鎖のリン酸側を **5′末端**, 糖側を **3′末端**という。DNAの2本の鎖は, 一方が5′→3′, その向かい側の鎖は3′→5′というように**逆向きに**結合している。

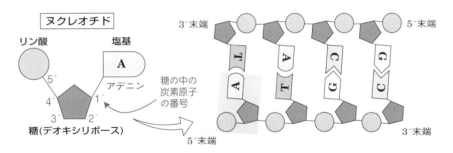

3 塩基どうしは, $\boxed{\textbf{AとT}}$ (アデニンとチミン), $\boxed{\textbf{GとC}}$ (グアニンとシトシン)の組み合わせでのみ対をなし, 結合している。このような性質を $\boxed{\textbf{相補性}}$ という。

4 向かい合わせに結合した2本のヌクレオチド鎖は, 全体としてらせん状をしている。これを $\boxed{\textbf{二重らせん構造}}$ という。

このDNAの構造は, AとTおよびGとCの数が等しいという**シャルガフの規則**およびウィルキンスが提供した**X線回折法**による画像をもとに, 1953年, $\boxed{\textbf{ワトソン}}$ と $\boxed{\textbf{クリック}}$ によって解明された。

> 超重要!!

★★★★

DNAの複製のしかたは半保存的複製。複製のしくみのストーリーを描くこと。

1 **DNAヘリカーゼ**という酵素によって二重らせんの一部分がほどける。

2 ほどけた**それぞれの鎖を鋳型にして**相補的な塩基を持ったヌクレオチドが結合し，新しい鎖が合成される。新しい鎖（2本鎖の片方）を合成する酵素は **DNAポリメラーゼ**。

└─ ヌクレオチド鎖の 3′ 末端に新しくヌクレオチドを結合する。

3 新しい 2 つの鎖は合成のされ方が異なる。

① **リーディング鎖** は**連続的に複製**される鎖。

└─ 5′→3′ 方向にヌクレオチド鎖を伸長。

② **ラギング鎖** は**不連続に複製**される鎖。**岡崎フラグメント**という短鎖の断片がつくられ，これらが **DNAリガーゼ** という酵素によって結合する。

└─ ヌクレオチド鎖どうしをつなぐ。

解説 DNAの合成（複製）では，まず開始部に短いRNAのヌクレオチド鎖（RNAプライマー）が結合し，その 3′ 末端に**DNAポリメラーゼ**が新たなヌクレオチドをつなげていく（**5′→3′ 方向への伸長**）。5′→3′ の方向にほどけていく鎖を鋳型にして合成される鎖は，3′→5′ 方向へ伸長することはできないので，短い鎖（ 岡崎フラグメント ）を 5′→3′ 方向に合成して，それらを互いにつないでいくという方法がとられる。RNAプライマーは分解されてDNAに置き換えられる。

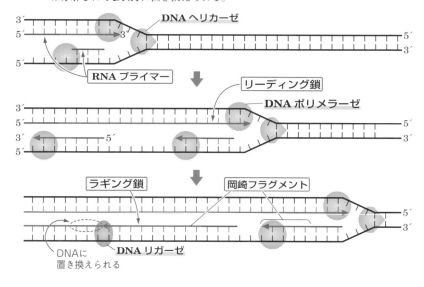

★
★ **最重要 92** ▶ 原核生物と真核生物の**複製における違い**と
複製時間の計算問題をマスターせよ！！

1 DNAの複製における，開始の起点となる領域を $\boxed{\textbf{複製起点}}$ という。
DNAの複製は，複製起点から**両方向**に進む。

└─ 複製開始点 ともいう。

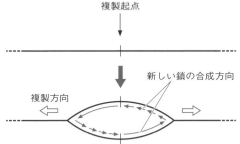

複製起点

新しい鎖の合成方向

複製方向 ⇦　　　⇨

2 原核生物のDNAは**環状**で，**複製起点は 1 か所**のみ。

3 真核生物のDNAは**直鎖状**で，**複製起点は複数**ある。

例題 **DNAの複製起点**

　ある真核細胞の 1 分子のDNAポリメラーゼは 1 分間で2000個のヌクレオチドを
結合させることができ，DNA複製に要する時間が 6 時間である。この真核細胞にお
いて 3.6×10^8 対のヌクレオチドからなるDNAが複製されるために必要となる複製
起点の数を求めよ。

解説 3.6×10^8 対なので，ヌクレオチドは $3.6 \times 10^8 \times 2$ 個ある。DNAの複製は複製起点
から両方向に進行する（右図）。そのためDNAポリメラーゼは 4 か所で新しいヌク
レオチドを結合させることになる。

　1 つの複製起点において 1 分間で 2000×4 個
の新しいヌクレオチドが結合する。複製起点
の数を X とするとDNA複製の完了に要する
時間は $\dfrac{3.6 \times 10^8 \times 2}{2000 \times 4 \times X} \times \dfrac{1}{60}$ で求められる。

1分間で
2000個

　これが 6 時間になればよいので，$\dfrac{3.6 \times 10^8 \times 2}{2000 \times 4 \times X} \times \dfrac{1}{60} = 6$ 時間

　これを解くと　$X = 250$ となる。

答 **250か所**

☐ 1 DNAのヌクレオチドを構成する糖の名称を答えよ。 ➡ 最重要 89

☐ 2 DNAには含まれず，RNAには含まれる塩基は何か。 ➡ 最重要 89

☐ 3 糖と塩基とリン酸が結合したものを何というか。 ➡ 最重要 89

☐ 4 DNAの二重らせん構造では，塩基どうしが何結合によって結合しているか。 ➡ 最重要 90

☐ 5 DNAの主鎖は，3 を構成する何と何が結合して形成されるか。 ➡ 最重要 90

☐ 6 DNAの複製において，新しいヌクレオチドを結合させて鎖を伸長させる働きのある酵素を何というか。 ➡ 最重要 91

☐ 7 DNAの複製の開始部に結合する短いRNA鎖を何というか。 ➡ 最重要 91

☐ 8 DNAの複製において，ほどける方向と同じ方向に連続的に複製される鎖を何というか。 ➡ 最重要 91

☐ 9 DNAの複製において，ほどける方向とは逆方向に不連続に複製される鎖を何というか。 ➡ 最重要 91

☐10 岡崎フラグメントを連結させて 9 をつくる酵素を何というか。 ➡ 最重要 91

解答

1デオキシリボース　　2ウラシル(U)　　3ヌクレオチド　　4水素結合
5糖とリン酸　　6DNAポリメラーゼ　　7プライマー　　8リーディング鎖
9ラギング鎖　　10DNAリガーゼ

13 ▶ 遺伝情報の発現とその調節

★★★
最重要 93
真核生物の**遺伝情報の発現**は，次の **3 段階**からなる。

1 第 1 段階 **転写** ―― DNA の遺伝情報を写し取った **mRNA 前駆体**を合成する過程。
　　　　　　　　　核内で行われる。　　　ある物質が生成される前に生成される途中の物質

2 第 2 段階 **スプライシング** ―― mRNA 前駆体から**イントロン**を取り除き，**エキソン**をつなぎ合わせる過程。これにより **mRNA (伝令 RNA)** が生じる。

> **解説** 真核生物の遺伝子には，転写はされるが翻訳されない領域（**イントロン**）と，転写も翻訳もされる領域（**エキソン**）とがある。大腸菌のような原核生物にはイントロンがないのでスプライシングも行われない。

　　　　　　　細胞質で（リボソーム上で）行われる。

3 第 3 段階 **翻訳** ―― mRNA の塩基配列に対応する**アミノ酸**をつなぎ合わせて**ポリペプチドを生成する**過程。

★★★
最重要 94
2 本鎖の**片方の鎖でのみ転写が行われる。**

1 DNA の二重らせんの一部がほどける。

2 ほどけた 2 本鎖のうちの**片方の鎖のみを鋳型にして**，相補的な塩基を持つ RNA のヌクレオチドが結合する。このときの塩基の対応は次の通り。

$$A \Rightarrow U \quad T \Rightarrow A \quad G \Rightarrow C \quad C \Rightarrow G$$

　　　　RNA は T のかわりに U

3 このとき DNA2 本鎖のうちの**鋳型になる鎖**を **アンチセンス鎖**，他方の鎖を **センス鎖** という。

> **補足** センス鎖の塩基配列が転写によって生じる RNA の塩基配列に一致する。

4 RNAのヌクレオチドどうしが糖とリン酸の間で結合し，RNAの鎖が生じる。このRNAを**mRNA前駆体**という。

一方の鎖からのみ転写される。

アンチセンス鎖

DNA

T G T A C G G A T A T C
T A C A U G

C
C

二重らせん構造がほどける。

合成される
mRNA前駆体

A C A T G C C T A T A G

センス鎖

T C   A   G
ヌクレオチド

5 転写の開始は，ほどけたDNA鎖の **プロモーター** と呼ばれる領域に **RNAポリメラーゼ** が結合するところから始まる。また**基本転写因子**や**転写調節因子**といったタンパク質も関与する。⇨最重要105

★
★ **最重要**
★ **95** **真核生物**では**スプライシング**が行われる。

1 真核生物の遺伝子には**エキソン**と**イントロン**が交互に並んでいる。

2 転写で生じたmRNA前駆体からイントロンを切り取り，エキソンをつなぎ合わせることで**mRNA**（伝令RNA）が完成される。この過程を **スプライシング** という。

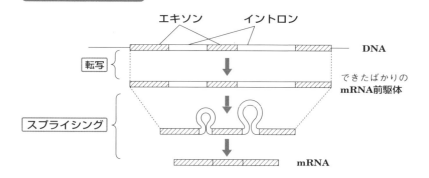

エキソン　　イントロン

DNA

転写

できたばかりの
mRNA前駆体

スプライシング

mRNA

3 スプライシングの際に，残すエキソンの組み合わせを変えることで異なる mRNAが生じる場合がある。これを **選択的スプライシング** という。これにより1つの遺伝子からでも複数種類のmRNAが生じ，複数種類のタンパク質を合成することができる。

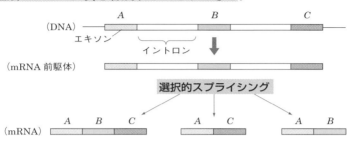

 最重要

96 ▶ 翻訳のストーリーを描けるようにしよう！

1 **mRNA** は核膜孔を通って細胞質に移動し，**リボソーム** に付着する。

> 補足　リボソームは大サブユニットと小サブユニットから構成され，それぞれのサブユニットはrRNA（リボソームRNA）とタンパク質からできている。

2 **tRNA**（転移RNA）と特定のアミノ酸が結合する。

> 補足　tRNAとアミノ酸を結合させるには，ATPと酵素が必要である。

3 mRNAの**連続した3つの塩基が遺伝暗号となり**，これに対応する塩基を持ったtRNAがアミノ酸を運んでくる。このときの塩基の対応は右の通り。

$$A \Longleftrightarrow U$$
$$G \Longleftrightarrow C$$

4 mRNAの3つ組塩基を **コドン** という。それに相補的なtRNAの3つ組塩基を**アンチコドン**という。

5 リボソームがmRNAのコドン1つぶんずつ移動し，順にアミノ酸が運ばれてくる。

ペプチド結合（最重要55）

6 アミノ酸どうしが結合し，**ポリペプチド鎖**が合成される。

> 補足　翻訳で生じたペプチド鎖は**シャペロン**というタンパク質の働きで正常な立体構造がとれるようになる。さらに糖鎖を付加されるなどの修飾を受け，必要な場所へ輸送される。⇨最重要52・57
> ゴルジ体の働き。

7 翻訳の図解

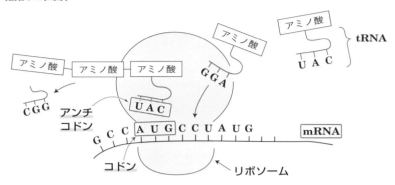

遺伝暗号について，**次の3点**を押さえよう。

1 翻訳を開始させる開始暗号がある。

解説 AUGは開始暗号としても働き，開始後に登場する際はメチオニンを指定する暗号として働く。

遺伝暗号表(**mRNA** **の3つ組塩基とアミノ酸との対応を示す)** ← コドン

		2番目の塩基				
		U	C	A	G	
1番目の塩基	U	UUU〈フェニル UUC〉アラニン UUA〈ロイシン UUG〉	UCU UCC〉セリン UCA UCG	UAU〉チロシン UAC UAA〉(終止) UAG	UGU〉システイン UGC UGA (終止) UGG トリプトファン	U C A G
	C	CUU CUC〉ロイシン CUA CUG	CCU CCC〉プロリン CCA CCG	CAU〉ヒスチジン CAC CAA〉グルタミン CAG	CGU CGC〉アルギニン CGA CGG	U C A G
	A	AUU〈イソ AUC〈ロイシン AUA AUG メチオニン(開始)	ACU ACC〉トレオニン ACA ACG	AAU〉アスパラギン AAC AAA〉リシン AAG	AGU〉セリン AGC AGA〉アルギニン AGG	U C A G
	G	GUU GUC〉バリン GUA GUG	GCU GCC〉アラニン GCA GCG	GAU〉アスパラ GAC〉ギン酸 GAA〉グルタミン酸 GAG	GGU GGC〉グリシン GGA GGG	U C A G
						3番目の塩基

2 翻訳を終了させる終止暗号がある。

解説 UAA，UAG，UGAの3種類のコドンには対応するtRNAがなく，終結因子とい
うタンパク質が結合して翻訳が終了する。そのため，これらの暗号があると，それ
以降は翻訳されなくなる。

3 複数の暗号が同じアミノ酸を指定することが多い。

解説 たとえば，CUU，CUC，CUA，CUGは，いずれもロイシンを指定する暗号である。
このように，3文字目が変わっても同じアミノ酸を指定する場合が多い。

補足 コドンがどのアミノ酸を指定するかはアメリカの**ニーレンバーグ**や**コラナ**らによっ
て解明された。

転写・翻訳における方向性に注意せよ！

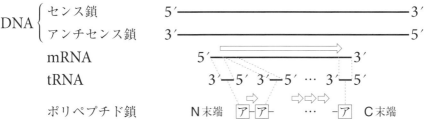

解説 センス鎖とアンチセンス鎖は互いに逆方向に並んでいる。アンチセンス鎖の**3′→5′**
の方向に転写され，**mRNAは5′→3′の方向に生成**される。mRNAのコドンの5′
側にtRNAのアンチコドンの3′側が対応する。tRNAによってリボソームに運搬さ
れたアミノ酸は，N末端→C末端の方向に結合していきポリペプチド鎖が完成する。

複製・転写・翻訳をまとめると次のようになる。

補足 遺伝情報がDNA→RNA→タンパク質の順に伝達されるのはすべての生物に共通し
ており，これをクリックは セントラルドグマ と呼んだ。RNA→DNAの過程は**逆**
転写と呼ばれ，RNAを遺伝情報として持つウイルス（**レトロウイルス**）の一部で見ら
れる。この過程に関与する酵素を**逆転写酵素**という。　└── HIVなど

★
★★
★
最重要
100
原核生物のタンパク質合成については，次の図をもとに，真核生物と異なる点だけ押さえれば**OK！**

1 真核生物の場合は，転写と翻訳を行う場所も違うし，時間的にもずれている。**原核生物の場合は，転写と翻訳は** 同じ場所 **で行われる。**

解説 原核細胞には核膜がなく，核と細胞質の区別がない。転写によってmRNAが生じている途中からリボソームがmRNAに付着して，翻訳も同時進行で行われる。そのようすを示したものが次の図である。

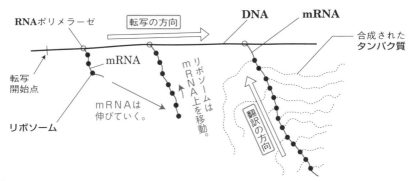

2 細菌などの**原核生物にはイントロンがなく，**スプライシングも行われない。

補足 原核生物の**細菌(バクテリア)**ではスプライシングは見られないが，**アーキア(古細菌**
⇨最重要34)ではスプライシングが見られる。

★
★★
★
最重要
101
ゲノムの定義と次の**数値**は覚えておこう！

1 ゲノム **の定義**：個体の形成や生命活動を営むのに必要な **1組の遺伝情報**。⇨ **配偶子が持つ染色体に含まれる遺伝情報に相当する。**

2 ヒトゲノムは 約**30億塩基対** からなる。

3 ヒトゲノムに含まれる遺伝子は**約2万個**。

4 ヒトゲノム中，遺伝子領域は**約1.5%**。◀── 他は非遺伝子領域

最重要 102 ★★ 遺伝子の数を求める計算は，次の 3 点に注意！

注意 1 DNA の 2 本鎖のうち，**転写されるのは片方の鎖のみ**であること。

注意 2 連続した **3 つの塩基**(ヌクレオチド)で **1 つのアミノ酸に対応**すること。

注意 3 生じるタンパク質(ポリペプチド)の数＝遺伝子の種類の数と考えること。

例題　遺伝子領域の計算

　ある種のホタルがつくる全種類のタンパク質を調べると，平均 5.0×10^2 個のアミノ酸からなっていた。ホタルのゲノムは 1.8×10^9 個の塩基からなり，1.5×10^4 個の遺伝子を持つとすると，このホタルゲノムのうち遺伝子領域は何％か。ただし，すべての遺伝子はタンパク質に翻訳されるものとし，選択的スプライシングは考慮しないものとする。

解説　ホタルゲノムは 1.8×10^9 個の塩基からなるが，このうちの片方の鎖のみ転写される(注意 **1**)ので，アミノ酸に対応できる塩基は最大で

$$1.8 \times 10^9 \times \frac{1}{2} = 9.0 \times 10^8 \text{個}$$

1 つの遺伝子から生じるタンパク質に含まれるアミノ酸は 5.0×10^2 個で，3 つの塩基で 1 つのアミノ酸に対応している(注意 **2**)ので，1 つの遺伝子に含まれる塩基は 5.0×10^2 個 $\times 3 = 1.5 \times 10^3$ 個。遺伝子は 1.5×10^4 個あるので，すべての遺伝子領域に含まれる塩基は $1.5 \times 10^3 \times 1.5 \times 10^4 = 2.25 \times 10^7$ 個

よって $\dfrac{2.25 \times 10^7}{9.0 \times 10^8} \times 100 = 2.5 \%$

答　**2.5%**

最重要 **103**
★★

遺伝子の発現の種類と調節について押さえよう。

└─ DNAが転写・翻訳され，その遺伝子の働きが現れること。

1 遺伝子の発現には次の2種類がある。

> どの細胞でも常に行われている発現（**ハウスキーピング遺伝子**）。
> 　　　囫 ATP合成に関与する酵素を支配する遺伝子
> 細胞の種類や状況によって変化する発現…**転写段階での調節**と**転写後の調節**の2種類がある。

2 転写段階での調節の基本的なしくみは次の通り。

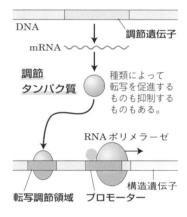

① **調節遺伝子**から生じた**調節タンパク質**が，**転写調節領域**と結合したり離れたりする。

② **プロモーター**に**RNAポリメラーゼ**が結合して，**構造遺伝子**の転写が促される。
　　↑
　　形質に直接関わる，酵素やからだの構造をつくるタンパク質を指定する遺伝子。

解説 調節タンパク質が結合するDNA領域を**転写調節領域**，RNAポリメラーゼが結合するDNA領域を**プロモーター**という。

3 転写後の調節には，**選択的スプライシング**（⇨最重要95），**RNA干渉**，翻訳後のペプチド鎖の切断・修飾などがある。

解説 タンパク質と結合した短いRNAが，自身と相補的な塩基配列を持つmRNAに結合し，これを分解したり，翻訳を妨げたりする現象を**RNA干渉**という。

★★★ 最重要 **104**
★★

原核生物の転写調節について，オペロン説を理解しよう！

1 オペロン ──原核生物で同じプロモーターによってまとまって転写される遺伝子群。

解説 原核生物では，関連する**複数の構造遺伝子**が連なって存在し，1つのプロモーターから1本のmRNAとして転写される。次のようなしくみによって酵素の合成が調節されるという説を **オペロン説** といい，**ジャコブとモノー**によって提唱された(1961年)。

2 **例1：ラクトースオペロン**──ラクトース分解酵素の合成の調節

調節遺伝子から生じた調節タンパク質 ⟶

A…**ラクトースが培地に含まれない場合**： **リプレッサー** (抑制因子)
が **オペレーター** と呼ばれる転写調節領域に結合していると(①)，
RNAポリメラーゼがプロモーターと結合できず(②)，**転写が抑制**される。

補足 ラクトースオペロンの構造遺伝子は，3種類の酵素の遺伝子からなる。

B…**ラクトースが培地に存在する場合**：**リプレッサー**はラクトースの代謝
産物と結合し(③)，オペレーターと結合できなくなる(④)。そのため
RNAポリメラーゼがプロモーターと結合し，**転写が促される**(⑤)。

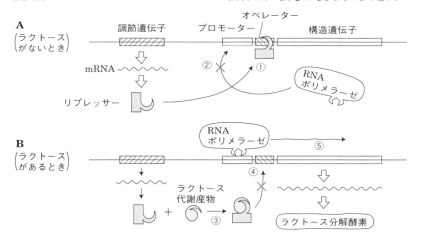

3 **例2：トリプトファンオペロン**──トリプトファン合成酵素の合成の調節

アミノ酸の一種 ⟶

C…**トリプトファンが培地に含まれない場合**：リプレッサーは**不活性型**で，
オペレーターと結合できず(次ページ図①)，**転写を抑制できない**。

D…**トリプトファンが培地に多く存在する場合**：不活性型のリプレッサー
がトリプトファンと結合して**活性型**に変化する(②)。活性型のリプレッ
サーはオペレーターに結合して**転写を抑制する**(③)。

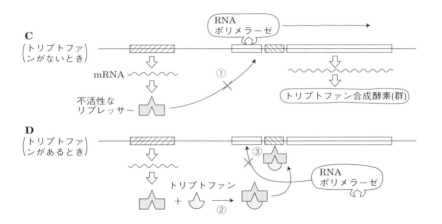

C
(トリプトファ
ンがないとき)

mRNA

不活性な
リプレッサー

①

RNA
ポリメラーゼ

トリプトファン合成酵素(群)

D
(トリプトファ
ンがあるとき)

トリプトファン

②

③

RNA
ポリメラーゼ

真核生物の転写調節 については，原核生物と異なる次の3点を押さえよう！

1 まずクロマチン繊維がほどけることが必要。

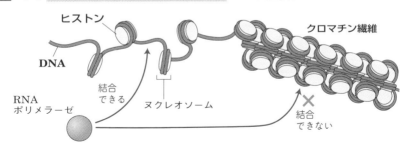

ヒストン

DNA

RNA
ポリメラーゼ

結合
できる

ヌクレオソーム

クロマチン繊維

結合
できない

解説 真核生物のDNAは ヒストン と結合して密に折りたたまれた**クロマチン繊維**という構造をとっている。この状態では**RNAポリメラーゼ**が結合できない。

2 RNAポリメラーゼがプロモーターと結合するためには 基本転写因子 が必要。

調節タンパク質

3 複数の転写調節領域があり，こ こに 転写調節因子 が結合して転写を調節する。

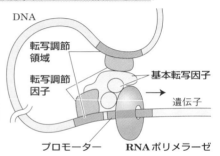

DNA

転写調節
領域

転写調節
因子

基本転写因子

遺伝子

プロモーター

RNAポリメラーゼ

最重要 106 ホルモンによる遺伝子発現などの調節は次の2パターンがあることを理解しよう！

1 脂溶性ホルモンの場合

例 **チロキシン**，ステロイド系のホルモン ── 副腎皮質および生殖腺から分泌されるホルモン。

① ホルモンは，標的細胞の細胞膜を通過して細胞内に入り，細胞**内**の**受容体**と結合し複合体を形成する。

② これが**転写調節因子**となって核内でDNAと結合し，特定の遺伝子の転写を調節する。

2 水溶性ホルモンの場合 ◀── チロキシンとステロイド系ホルモン以外すべて。

例 インスリン，アドレナリン，グルカゴン

① ホルモンは，細胞**膜**にある受容体と結合する。

② 細胞内で**cAMP**などがつくられる。 ── AMP（アデノシンーリン酸）のリン酸基とリボースが結合して環状になったもの。

③ これが**細胞内の酵素を活性化**する。酵素を介して特定の遺伝子の転写調節が行われることもある。

── ハエやカの仲間（双翅目）で見られる。

最重要 107 だ腺染色体で観察される パフ について，次の2点を押さえよう！

1 パフでは盛んに 転写 が行われている＝ 遺伝子が活性化 している場所。

解説 放射性のウリジン（ウラシル＋リボース）を与えると，パフの部分に取り込まれる。このことから，パフの部分ではウリジンを使ってRNAが合成されていることがわかる。

2 パフが生じる場所は， 組織の種類 や 発生の時期 によって異なる。

補足 蛹化を促進するホルモン（**エクジステロイド**）を与えると，パフの位置が変化する。エクジステロイドもステロイド系のホルモンで，細胞**内**の受容体と結合して複合体を形成し，蛹化に働くタンパク質の遺伝子の転写を促進するためである。

➡ スピードチェック

□ 1 DNAの遺伝情報を写し取ってRNAを合成する過程を何という か。　→ 最重要 93

□ 2 mRNAの塩基配列に対応するアミノ酸をつなぎ合わせてポリ ペプチド鎖を生成する過程を何というか。　→ 最重要 93

□ 3 1の鋳型になる鎖はセンス鎖かアンチセンス鎖か。　→ 最重要 94

□ 4 mRNA前駆体からイントロンを取り除く過程を何というか　→ 最重要 95

□ 5 mRNAの3つ組塩基を何というか。　→ 最重要 96

□ 6 遺伝情報はすべての生物においてDNA→RNA→タンパク質 の一方向に伝達されるという考えを何というか。　→ 最重要 99

□ 7 細菌の遺伝子に，イントロンはあるかないか。　→ 最重要 100

□ 8 その生物が個体を形成し生命活動を営むのに必要な1組の遺 伝情報を何というか。　→ 最重要 101

□ 9 RNAポリメラーゼが最初に結合するDNAの領域を何というか。　→ 最重要 103

□10 ラクトースオペロンにおいて，リプレッサー(抑制因子)が結合 する領域を何というか。　→ 最重要 104

□11 真核生物で，RNAポリメラーゼが9に結合するために必要な 調節タンパク質を何というか。　→ 最重要 105

□12 次の中で細胞内に受容体を持つホルモンをすべて選べ。　→ 最重要 106
　　ア アドレナリン　　イ グルカゴン
　　ウ インスリン　　エ チロキシン

□13 だ腺染色体で観察される，転写が行われている部分を何というか。　→ 最重要 107

解答
1 転写　　2 翻訳　　　3 アンチセンス鎖　　4 スプライシング　　5 コドン
6 セントラルドグマ　　7 ない　　8 ゲノム　　9 プロモーター
10 オペレーター　　11 基本転写因子　　12 エ　　13 パフ

14 ▶ 動物の配偶子・受精と発生

染色体が半減する時期に気をつけて、
まず、精子形成、卵形成のあらすじを押さえよう。

1 精子形成——**精巣**内で行われる。

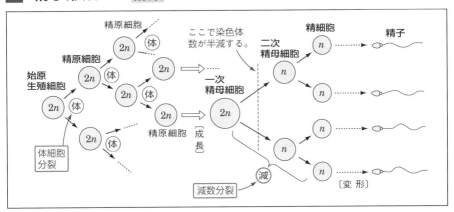

2 卵形成——**卵巣**内で行われる。

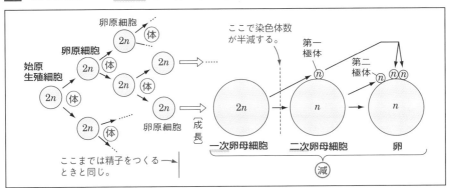

解説 減数分裂第一分裂で生じる小さいほうの細胞を**第一極体**という。また、減数分裂第
二分裂で二次卵母細胞から生じる小さな細胞を**第二極体**という。第一極体は、分裂
して2つの極体を形成する場合と分裂しない場合とがある。なお、極体を放出する
側を**動物極**、その反対側を**植物極**といい、**赤道面**を境として動物極側を**動物半球**、
植物極側を**植物半球**という。

精子形成と卵形成における違いについては
次の**2点**が重要。前ページの図でもう**1**度確認せよ。

1 数の違い

精子形成── **1**つの母細胞(一次精母細胞)から **4つ** の精子が形成。

卵形成── **1**つの母細胞(一次卵母細胞)から **1つ** の卵が形成。

2 減数分裂における違い

だから4つできる。

だから1つしかできない。

精子形成── **等分裂**(同じ大きさの細胞に分裂する)

卵形成── **不等分裂**(大きい卵と小さい極体に分裂する)

> **解説** 卵は,発生するために多量の栄養分を必要とする。そのため,卵形成においては,一次卵母細胞に蓄えてある卵黄を1つの卵に集中させる不等分裂が起こり,他の細胞はほとんど細胞質を持たない小さな極体となり,やがて消失する(⇨最重要108)。

 精子の構造については,次の**図**とともに**下の
ポイント**を押さえれば**OK**！

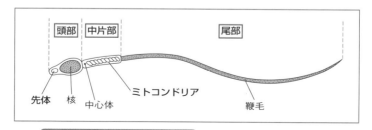

頭部　中片部　尾部

先体　核　中心体　ミトコンドリア　鞭毛

1 精子は, 頭部, 中片部, 尾部 の**3**つの部分からなる。

2 頭部には, **先体**と雄親の遺伝情報を持った**核**がある。

> **解説** 頭部の先にある先体はゴルジ体からつくられる構造で,受精のときに頭部が卵黄膜に付着したり,卵内へ進入したりするのに役立つと考えられている(⇨最重要111)。

3 中片部には, **中心体**と**ミトコンドリア**がある。

> **解説** 精子は鞭毛運動によって卵のところまで泳いでいく。そのために必要なエネルギーを供給するのがミトコンドリアである。　　呼吸を行う。

最重要
111 受精について次の**4点**を押さえよ！

1 **受精の役割**

① 雌雄の親からの遺伝情報を併せ持つ**受精卵を形成**する。

② 卵を刺激して発生を開始させる──**付活**という。
　　　　　　　　　　　　　　　　（ふ　かつ）
　　　　　　　　　　　　　　　　└──「賦活」とも書く。

2 精子では **先体反応** が起こる。

解説 精子の頭部にある**先体**が壊れて内容物(卵黄膜を溶かす酵素など)が放出される。さらに頭部の細胞質中でアクチンフィラメントの束が生じ，**先体突起**が形成される。この一連の反応を**先体反応**といい，先体突起は卵黄膜を突き抜けて卵の細胞膜に到達する。

3 精子が卵に到達すると**表層粒**が壊れ，**受精膜** が形成される。

解説 卵の細胞膜のすぐ内側にある**表層粒**が壊れ，内容物が放出されると，卵黄膜は卵(の細胞膜)から浮き上がり，**受精膜**に変化する。卵黄膜や受精膜は生体膜(⇨p.53)ではない。

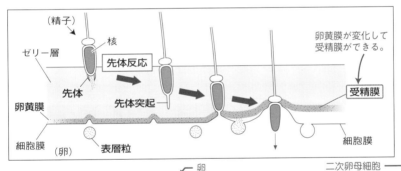

4 **ウニ**は卵形成の**減数分裂完了後**に受精，**脊椎動物は減数分裂第二分裂中期**に受精。
　　　　　　　　　　　　└─ 卵　　　　　　　　　　　　　　　二次卵母細胞 ─┐

最重要
112 多精拒否のしくみは次の**2段階**で行われる。

1 **受精電位** の発生

解説 通常は卵の内側が外側に対して負(−)だが，精子が卵に結合するとNa^+の流入により，内側が正(＋)に逆転する**受精電位**が生じ，他の精子が卵に進入できない。

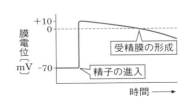

2 受精膜の形成

解説 受精電位は1分間程度でもとの電位に戻ってしまうが，この間に受精膜が形成される。

最重要
★★ 113

卵割の特徴は，ふつうの体細胞分裂と比較して押さえておくこと。

1 卵割——受精卵から始まる体細胞分裂。

卵割で生じた娘細胞を 割球 という。

2 卵割は，ふつうの体細胞分裂とは次の点で異なる。

① 成長を伴わずに分裂する。⇨ その結果，生じる割球の大きさ
はどんどん小さくなる。└── 間期にDNA合成は行われるが，
細胞質の増加は起こらない。

② 間期が短い。
└── G₁期やG₂期がない（S期はある）。

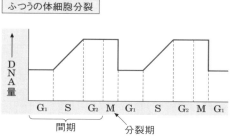

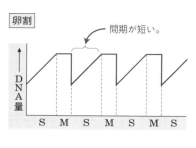

ふつうの体細胞分裂

卵割

間期が短い。

DNA量

G₁ S G₂ M G₁ S G₂ M G₁

間期　　　分裂期

S M S M S M S

G₁：DNA合成準備期　S：DNA合成期　G₂：分裂準備期　M：分裂期

③ 同調分裂する。⇨ 生じた割球どうしがいっせいに次の分裂を行う。

3 卵割の様式は，卵黄の量と分布状態によって異なる。

解説 卵黄は粘り気が強いため，卵黄を多く含んでいる部分ほど卵割が起こりにくい。そ
のため，卵黄がどの部分にどれだけ分布しているかによって，卵割の様式が違って
くる。

ウニの発生の流れを図とともにマスターしよう。

最重要 ★★ 114

↑ 等黄卵

① ウニでは第一卵割〜第三卵割は **等割**。

> **解説** 第一卵割は**経割**，第二卵割は第一卵割面に直交する**経割**，第三卵割は**緯割**。

② 第四卵割では，動物半球では**経割で等割**，植物半球では**緯割で不等割**。

③ 卵割が進むにつれて割球の間に**卵割腔**という空所が生じる。

> ⇨ **胞胚期**になると卵割腔は **胞胚腔** と呼ばれるようになる。
>
> **補足** 胞胚期には胚の表面に繊毛が生じて回転運動を始め，受精膜から出る（**ふ化**）。
> └── 口が生じるまでの発生途中の個体

④ 植物極付近の細胞層が胚の内側に**陥入**し始め，**原腸胚** となる。陥入によってできた新しい空所を**原腸**，原腸の入り口を**原口**という。

⑤ 原腸の先端が外胚葉に到達するとそこに**口が生じ**，**原口は肛門になり**，胚は **プルテウス幼生** となる。これが変態して**ウニの成体**になる。

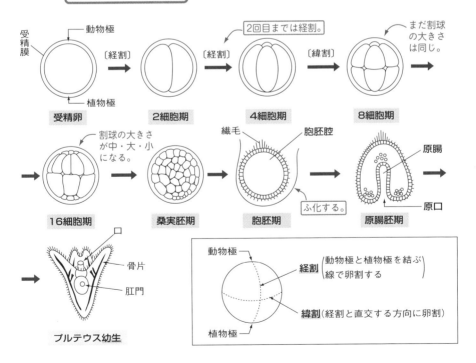

最重要 115

★
★

ウニの発生では, **胞胚期**と**原腸胚期**がポイント。

1 胞胚期に受精膜を破って泳ぎ出る(ふ化 する)。

2 原腸胚期の特徴

① 陥入が起こり, **原口**,
原腸ができる。

└── 腸管の原形。

② **外胚葉・中胚葉・内
胚葉**の 3 胚葉に分化
する。

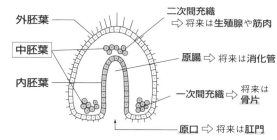

外胚葉

中胚葉

内胚葉

二次間充織
⇨ 将来は**生殖腺**や**筋肉**

原腸 ⇨ 将来は**消化管**

一次間充織 ⇨ 将来は
骨片

原口 ⇨ 将来は**肛門**

── 端黄卵

最重要 116

★
★

〔**カエル**の発生〕～**受精卵から胞胚**～
過程を**図**とともに**マスターしよう**。

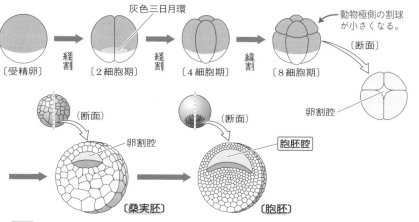

灰色三日月環

〔受精卵〕 → 経割 → 〔2 細胞期〕 → 経割 → 〔4 細胞期〕 → 緯割 → 〔8 細胞期〕

動物極側の割球
が小さくなる。
〔断面〕

卵割腔

(断面)

卵割腔

(断面)

胞胚腔

〔桑実胚〕 〔胞胚〕

解説 第一卵割は灰色三日月環を二分するように**経割**で**等割**。第一卵割面は胚の左右を分
ける面(これを**正中面**という)に一致する。第二卵割は第一卵割面に直交して**経割**で
等割。第三卵割は**緯割**で**不等割**である。
└── ウニ卵と異なる。

補足 カエルでは, 精子は動物半球から進入する。精子が進入すると卵の表層が約 30° 回転
する。これを**表層回転**という。その結果, 精子進入点の反対側の赤道部に**灰色三日
月環**が生じる。灰色三日月環が生じた側が将来の背側になる(**背腹軸の決定** ⇨ p.114)。

最重要
117

〔カエルの発生〕~原腸胚から尾芽胚~
細胞の移動を意識しながら図でマスターしよう！

① 原腸の陥入が進んで拡大すると，胞胚腔はやがて消滅。原口は両側面に広がりさらに左右がつながって円形になる。この部分を 卵黄栓 という。

> 補足 陥入部の細胞は フラスコ細胞 と呼ばれ，胚の表面側が収縮し内側に長く伸びた形になる。この細胞の変形によって陥入が起こる。

② 原腸の陥入が終わると，背側に神経板が生じ，胚は 神経胚 となる。

> 解説 神経板の両側が盛り上がり(両側を神経しゅう，中心部の溝を神経溝という)，さらに左右がつながって神経管が形成される。

> 補足 神経管と表皮の境目からは神経堤細胞(神経冠細胞)が生じる。

③ やがて尾のもとになるふくらみ(尾芽)が生じ，神経胚は 尾芽胚 となる。

➡ 尾芽胚は受精膜をとかしてふ化し，幼生(オタマジャクシ)となり，変態してカエルの成体になる。

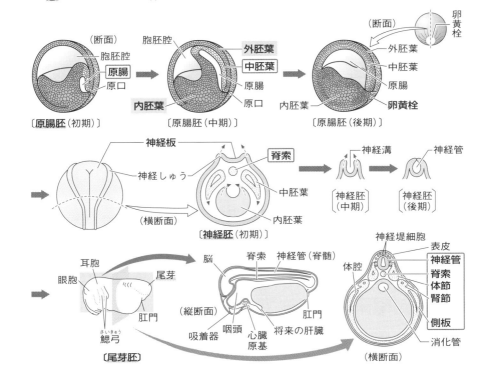

器官形成について，次のものを覚えよう！特に太字は超頻出ベスト10!!

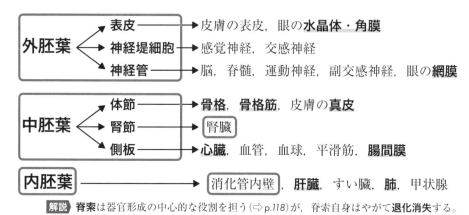

外胚葉
- 表皮 ──→ 皮膚の表皮，眼の**水晶体・角膜**
- 神経堤細胞 ──→ 感覚神経，交感神経
- 神経管 ──→ 脳，脊髄，運動神経，副交感神経，眼の**網膜**

中胚葉
- 体節 ──→ **骨格，骨格筋**，皮膚の**真皮**
- 腎節 ──→ 腎臓
- 側板 ──→ **心臓**，血管，血球，平滑筋，**腸間膜**

内胚葉 ──────→ 消化管内壁，**肝臓**，すい臓，**肺**，甲状腺

解説 **脊索**は器官形成の中心的な役割を担う(⇨p.118)が，脊索自身はやがて**退化消失**する。

原基分布図は，原口の位置に注意して覚えると覚えやすい。
└─ 予定運命図ともいう。

1 原基分布図──**フォークト**が，局所生体染色法で作成した。

解説 胚の各部を生体に無害な色素(ナイル青や中性赤など)で染め分け，各部が何に分化するかを調べる方法を**局所生体染色法**という。フォークトは**イモリ**の胞胚や初期原腸胚を材料にこれを行い，胚の表面各部がどのような器官に分化するかを調べた。

2 原口の位置に注意して原基分布図を覚えよう。

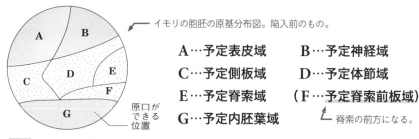

イモリの胞胚の原基分布図。陥入前のもの。

A…予定表皮域　　　　B…予定神経域
C…予定側板域　　　　D…予定体節域
E…予定脊索域　　　（F…予定脊索前板域）
　　　　　　　　　　　　└─ 脊索の前方になる。
G…予定内胚葉域

原口ができる位置

解説 **A**と**B**の区別については，原口に近くて，陥入した原口背唇(予定脊索域)に裏打ちされるようになる**B**のほうが予定神経域と覚えておけばよい。

➡ スピードチェック

☐ **1** 卵形成において，減数分裂第一分裂によって生じる細胞は何と何か。

→ 最重要 108

☐ **2** 1個の一次卵母細胞から何個の卵が生じるか。

→ 最重要 108・109

☐ **3** 精子は頭部と尾部と何からなるか。

→ 最重要 110

☐ **4** 受精の際に，精子の先端が壊れて内容物が放出されたり，卵の細胞膜に達する突起が形成されたりする一連の反応を何というか。

→ 最重要 111

☐ **5** 最初の精子が卵に進入した際，表層粒の物質により卵黄膜から形成される膜を何というか。

→ 最重要 111

☐ **6** 受精卵から始まる発生初期の体細胞分裂を特に何というか。

→ 最重要 113

☐ **7** ウニの発生で1層の割球が空所を囲むようになった時期の胚を何というか。

→ 最重要 114

☐ **8** ウニにおいて原口は，将来口と肛門のいずれになるか。

→ 最重要 114・115

☐ **9** カエルにおいて精子が進入した際に，精子進入点の反対側の赤道部に生じる領域を何というか。

→ 最重要 116

☐ **10** カエルにおいて，幼生になる直前の時期の胚を何というか。

→ 最重要 117

☐ **11** 脊椎動物の肝臓は外胚葉，中胚葉，内胚葉のいずれから生じるか。

→ 最重要 118

☐ **12** 胚の各部を生体に無害な色素で染め分け，それぞれの部分が将来何に分化するかを調べる実験方法を何というか。

→ 最重要 119

解答

1 二次卵母細胞と第一極体　　2 1個　　3 中片部　　4 先体反応　　5 受精膜

6 卵割　　7 胞胚　　8 肛門　　9 灰色三日月環　　10 尾芽胚

11 内胚葉　　12 局所生体染色法

15 ▶ 発生と遺伝子発現

両生類の前後軸と背腹軸の決定の時期を押さえよう！

┌── 卵形成で極体が放出された側（最重要108）

1 **両生類**では，**動物極側が将来の頭側，植物極側が将来の尾側**になる。
⇨ **受精前**（卵が形成された時点）から**前後軸（頭尾軸）は決定**している。

2 受精後，**表層回転** により **灰色三日月環** が生じ，灰色三日月環が生じた側が**将来の背側**になる。⇨ **受精によって背腹軸が決定**。

  解説 **表層回転**は，卵に精子が進入すると動物極から進入点に向かう方向に卵の表層のみが約30°回転する現象。

3 卵の植物極付近に局在していた **ディシェベルド** が，受精後，表層回転とともに**将来の背側に移動する**。

4 移動した**ディシェベルド**が，受精卵全体に分布していた **βカテニン** の**分解を抑制**する。
⇨ その結果，背側から腹側にかけて**βカテニンの濃度勾配**が生じる。

5 卵割が進み，βカテニンを多く含む細胞で背側形成に関与する遺伝子が発現する。⇨ 背側の構造が形成されるようになる。

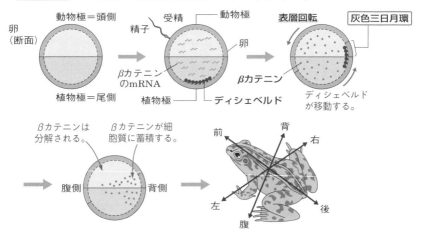

中胚葉誘導に関する次の実験を理解せよ！

1 **実験1**—カエルの初期胞胚を下図左のように分離して培養すると，**A**から**表皮**（外胚葉）が分化し，**C**から**腸管**（内胚葉）が分化した。

アニマルキャップと呼ばれる。

2 **実験2**—**A**と**C**を一定時間接触させた後，分離して，別々に培養すると，**A**から**脊索や筋肉**が分化した。**C**からは**実験1**と同様に腸管が分化。

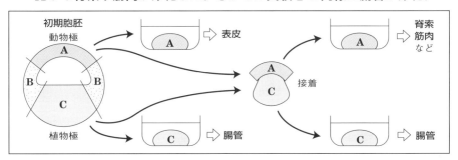

解説 **C**は予定内胚葉域だが，この**C**が接する**A**に働きかけて脊索や筋肉などの中胚葉性組織の分化を促したと考えられる。このようにある領域が他の領域に作用して分化の方向を決定をすることを**誘導**という。

この働きを中胚葉誘導という。

⇨ ① 予定**内**胚葉域が，接する部域を**中胚葉に誘導**する。
② **A**の部分の細胞は，外胚葉以外に分化することもできる。

「この実験からどのようなことがわかるか」という形でよく出される！

3 **実験3**—**C**を原口陥入予定部側（背側。**C-1**）と反対側（腹側。**C-2**）に切断し，それぞれ別々に**A**と一定時間右図のように接着した後分離して培養した。すると，**C-1**と接触させた**A**からは**脊索**が，**C-2**と接触させた**A**からは**血球**が分化した。

A

B-2
腹
B-1
背

C-2　C-1

A
C-2

A
C-1

血球など　　　脊索など

解説 本来は**C-1**と接触している**B-1**側に脊索が，
C-2と接している**B-2**側に側板（血球などが分化する）が生じることと一致する。

最重要 122 中胚葉誘導には次の 3 種類の物質が関与する!

1 植物半球には <u>予定内胚葉</u> **VegT タンパク質**, 背側には **βカテニン** が多く
分布している。

最重要 120 を確認しよう!

2 <u>両方の濃度が高い部位で促進</u> VegT タンパク質とβカテニンの働きで **ノーダル遺伝子** が発現。

3 生じた**ノーダルタンパク質**が中胚葉分化に必要な遺伝子発現を促す。
これが**中胚葉誘導**。⇨ 最重要 121 の**実験 2** の結果がこれで説明できる!

4 ノーダルタンパク質の濃度が**高い側**では**背側中胚葉**(脊索など),
濃度が**低い側**では**腹側中胚葉**(側板など)が誘導される。
⇨ 最重要 121 の**実験 3** の結果がこれで説明できる!!

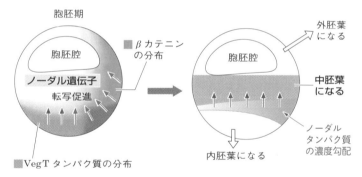

最重要 123 神経誘導は, BMPが受容体に結合するかしないかで決まる! 次の図とともに理解しよう!

1 外胚葉は**本来神経に分化する。**

2 <u>胚全体の細胞間にある</u> **BMP** が受容体に結合⇨ **神経への分化が抑制**される。
<u>外胚葉の細胞膜にある</u> ⇨ **外胚葉は表皮に分化**する。

3 原口背唇(原口背唇部)から分泌された ノギン や コーディン が BMPと結合 ⇨ **BMPが受容体に結合できない** ⇨ **外胚葉は神経に分化**する。

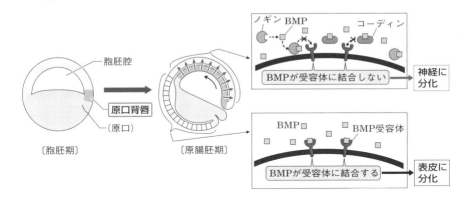

最重要
★ **124** ▷ シュペーマンのイモリ胚を使った交換移植実験では，**移植の時期**によって分化のしかたが違う点に注意。

1 原腸胚初期 での交換移植――外胚葉の発生運命はまだ決定していないので，**移植した場所の運命に従って**分化する。

移植片	移植した場所	移植片の分化
予定表皮域 →	予定**神経**域	**神経**
予定神経域 →	予定 表皮 域	表皮

発生運命の変更可能。

2 **神経胚初期**での交換移植――外胚葉の発生運命はすでに決定しているので，もともとの**移植片自身の運命に従って**分化する。

移植片	移植した場所	移植片の分化
予定**表皮**域 →	予定神経域	**表皮**
予定 神経 域 →	予定表皮域	神経

発生運命の変更不可能。

最重要 125 シュペーマンが形成体を発見した実験については, 次の3つのポイントを押さえよう!

└ 原口背唇の 移植実験

1 実験の時期 ⇨ **原腸胚初期**。◄── 外胚葉では発生運命未決定。

2 実験の内容と移植片の分化

移植片	移植した場所	移植片の分化
原口背唇 ⟶ (予定**脊索**域)	腹側赤道部	**脊索**

原腸胚初期でも, 予定脊索域は運命が決定している。

3 原口背唇の働き ⇨ **誘導**。 **形成体** として働く。

解説 イモリの原腸胚初期の原口背唇を同時期の胚の腹側赤道部に移植したら, 移植片(原口背唇)自身は予定どおりに脊索に分化し, さらに接する**外胚葉に働きかけて神経に分化させた**。このような働きを**誘導**といい, 誘導の働きを持つ部分を**形成体**という。

最重要 126 眼の形成では, 何が形成体になるかがよく問われる。図が描けるようにしておこう!

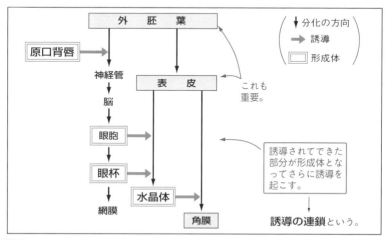

解説 原口背唇に誘導されて生じた神経管の前方が脳になる。脳の左右両側の一部がふくらんで**眼胞**に, その先端がくぼんで**眼杯**になる。この眼胞や眼杯が形成体となって接する表皮を**水晶体**に誘導し, 生じた水晶体も同様に接する表皮を**角膜**に誘導する。眼杯自体は**網膜**に分化する。

アポトーシスについて，次の**2つ**を押さえておこう！

1 アポトーシス──核が崩壊し，DNAが断片化して行われる細胞死。

例 プログラム細胞死，胸腺でのT細胞の死，消化管上皮細胞の更新，初期のがん細胞

> 炎症など周囲へ悪影響を及ぼす現象を起こさず細胞が縮小して死んでいく。

2 **プログラム細胞死**──発生過程で，あらかじめ死ぬようにプログラムされている細胞の死。

例 ニワトリの肢の指の間の組織の細胞死，オタマジャクシの尾の消失
└─ 水かきにあたる。

補足 アポトーシスとは異なり細胞内の物質を放出する細胞死を**壊死**(ネクローシス)といい，外傷などに伴って起こり，まわりの組織に炎症などを引き起こすことがある。

ショウジョウバエの**前後軸の決定**のしくみを**理解しよう！**

1 減数分裂前に，ビコイド遺伝子やナノス遺伝子が転写され，生じたmRNAが卵に局在している。⇨これらの遺伝子を**母性効果遺伝子**といい，母性効果遺伝子から生じた物質を**母性因子**という。

解説 これらの遺伝子のmRNAは受精前から卵に存在しているのですべて母親由来である。

2 受精後，これらの**mRNAが翻訳され**，生じたタンパク質が拡散して濃度勾配をつくる。

{ ビコイドタンパク質が多い ⇨ 頭部になる
{ ナノスタンパク質が多い ⇨ 尾部になる。

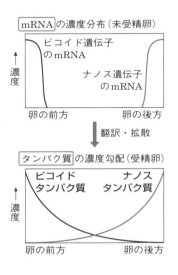

ショウジョウバエの**体節構造**の形成で**発現する分節遺伝子の順番**を押さえよう！

最重要 129

ギャップ ⇨ ペア・ルール
　　　　　　　⇨ セグメント・ポラリティ

〈**覚え方**〉ぎゅっ（ギャッ）とペアでハグ（セグ）するのが大切（体節）

[解説] 次のように，各遺伝子から生じたタンパク質が調節タンパク質として働き，次の遺伝子の発現を制御している。

① ビコイドタンパク質などの濃度勾配によって**ギャップ遺伝子**が発現する。

② ギャップ遺伝子から生じたタンパク質により**ペア・ルール遺伝子**が 7 本のしま状に発現。

③ ペア・ルール遺伝子から生じたタンパク質によって**セグメント・ポラリティ遺伝子**が発現し，14の体節が決定する。

① 前後軸に沿って**ギャップ遺伝子**が発現

② **ペア・ルール遺伝子**がしま状に 7 本発現

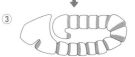

③ **セグメント・ポラリティ遺伝子**がしま状に 14 本発現

14の 体節 が形成される。

体節を特有の形態へと分化させる**ホメオティック遺伝子**について**次の 3 点**を押さえれば**OK!!**

最重要 130

1 代表例―― {**アンテナペディア**：頭部から中胸部の構造を決定。
　　　　　　　　{**バイソラックス**：後胸部から尾部の構造を決定。

2 これらの遺伝子の変異で生じた個体を **ホメオティック変異体** という。

　[例] 触角が生じる場所に脚ができる（アンテナペディアの突然変異体）。
　　　　　　　　　　触角　　肢

　　胸部に 2 対の翅が生じる（バイソラックスの突然変異体）。

3 ホメオティック遺伝子には相同性の高い共通した塩基配列があり，
　　　　　　　　　　　　　　　　　　　　　　　　　　約180塩基対

これを**ホメオボックス**といい，さまざまな生物で共通している。

また，ホメオボックスから生じたタンパク質を**ホメオドメイン**という。
　　　　　　　　　　約60個のアミノ酸からなる。

□ 1 両生類の発生過程で，βカテニンの濃度が背側で高くなるのは，ディシェベルドによってβカテニンの合成が促進されるためか，βカテニンの分解が抑制されるためか。 ➡ 最重要 120

□ 2 両生類の初期胞胚の動物極部分(アニマルキャップ)と予定内胚葉域を接触させて培養すると，アニマルキャップから外胚葉以外に何胚葉が分化するか。 ➡ 最重要 121

□ 3 両生類の発生において，VegTタンパク質とβカテニンの働きで発現が促され，生じたタンパク質によって胚葉の分化に必要な遺伝子発現を促進するこのタンパク質は何か。 ➡ 最重要 122

□ 4 BMPが外胚葉の細胞の受容体に結合すると，この外胚葉からは神経と表皮のいずれが分化するか。 ➡ 最重要 123

□ 5 カエルの原腸胚初期に，予定表皮域の一部を予定神経域に移植すると，移植片は表皮と神経のいずれに分化するか。 ➡ 最重要 124

□ 6 カエルの原腸胚初期に，原口背唇を予定表皮域に移植すると，移植片からは主に何が分化するか。 ➡ 最重要 125

□ 7 眼胞の先端がくぼんで生じた構造で，表皮を水晶体に誘導するものを何というか。 ➡ 最重要 126

□ 8 核が崩壊し，DNAが断片化し行われる細胞死を何というか。 ➡ 最重要 127

□ 9 ショウジョウバエの卵の前端に局在し前後軸の決定に働くmRNAは何という遺伝子の転写で生じたmRNAか。 ➡ 最重要 128

□10 9のように，受精前の卵で転写が行われている遺伝子を何というか。 ➡ 最重要 128

□11 ショウジョウバエの体節構造の形成に関与する分節遺伝子の中で最初に発現するのは何という遺伝子か。 ➡ 最重要 129

□12 体節を特有の形態へと分化させる調節遺伝子を何というか。 ➡ 最重要 130

解答 ──

1 分解が抑制されるため　2 中胚葉　　3 ノーダル　　4 表皮　　5 神経
6 脊索　　7 眼杯　　8 アポトーシス　　9 ビコイド遺伝子
10 母性効果遺伝子　　11 ギャップ遺伝子　　12 ホメオティック遺伝子

16 ▶ バイオテクノロジー

★★★ 最重要 131

遺伝子組換え技術について，次の3点を必ずマスターせよ。

1 遺伝子組換えに使う材料を，まず押さえよう。

① **制限酵素**——DNAを特定の塩基配列の部分で切断する酵素。
② **DNAリガーゼ**——DNA断片どうしを結合させる酵素。
③ **プラスミド**——細菌が持つ本体のDNAとは別の小さな環状DNA。

2 大腸菌にヒトインスリン**遺伝子**を組み込む場合の手順を覚えよ。

手順1：ヒトDNAを 制限酵素 で2か所切断し，目的とする遺伝子を取り出す。大腸菌の プラスミド も，同じ制限酵素で1か所切断する。

手順2： DNAリガーゼ を作用させて両者をつなぎ合わせる。

手順3：ヒトインスリン遺伝子が組み込まれたプラスミドを**大腸菌に取り込ませ，大腸菌を増殖させる。**
— ベクター(遺伝子の運び屋)として働く。

➡増殖した大腸菌がインスリンを生産する。

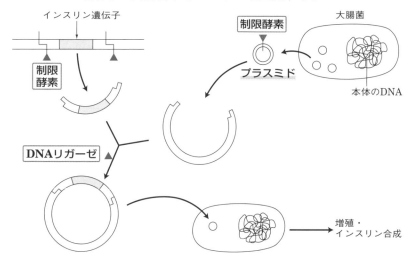

インスリン遺伝子
制限酵素
制限酵素
大腸菌
プラスミド
本体のDNA
DNAリガーゼ
増殖・インスリン合成

補足 植物への遺伝子導入には**アグロバクテリウム**という細菌が持つプラスミドを利用することが多い。プラスミド以外にも，**ウイルス**などがベクターとして使われる。

補足 ヒトインスリン遺伝子を大腸菌に組み込む場合，インスリン遺伝子から生じたmRNAを取り出し，これを**逆転写**させて合成したDNA（**cDNA**：complementary DNA = **相補的DNA**）を導入する。なぜなら，大腸菌はスプライシングするしくみを持たないので，イントロンを含んだヒトインスリン遺伝子をそのまま使うと正常なインスリンが得られないからである。

3 トランスジェニック生物 ——別の種の生物の遺伝子を導入された生物。

① トランスジェニック生物の例：**スーパーマウス**（ラットの成長ホルモン遺伝子を組み込んだマウス ⇨ ふつうのマウスの約2倍の大きさ），ヒトに移植しても拒絶反応を起こさない臓器を持つミニブタ

補足 遺伝子導入とは逆に，ある特定の遺伝子を破壊して発現しないようにしたマウスを**ノックアウトマウス**という。

② 遺伝子導入のマーカー： **GFP** （Green Fluorescent Protein）緑色 蛍光 タンパク質

解説 GFPは**オワンクラゲ**が持つタンパク質で，紫外線によって緑色の蛍光を発する。これの遺伝子を調べたい遺伝子の後ろに組み込んでおくと，目的遺伝子が導入され発現したかどうかを蛍光の有無で調べることができる。GFPは**下村脩**により特定された。 2008年ノーベル化学賞受賞。

132 電気泳動の原理は次の2点を押さえれば大丈夫！

1 DNAはリン酸がH⁺を放出して**負の電荷**を持つ。
⇨ 電圧をかけると**＋極の方向へ移動**する。

2 DNAを制限酵素で切断し，アガロースゲル（寒天）に置いて電圧をかけると，**短い断片ほど速く移動する**。 特定の塩基配列のところで切断。
⇨ 長さの違いでDNA断片を分離できる（ **＋極** に近いほど **短い** ）。

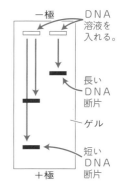

<table>
<tr><td>最重要
★
★ 133
★</td><td colspan="2">PCR法 (Polymerase Chain Reaction)の手順
ポリメラーゼ　　連鎖　　反応
を理解しよう。</td></tr>
</table>

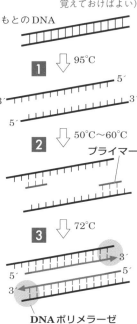

手順 1 目的のDNA溶液を**95℃に加熱**する。

➡塩基どうしの結合が切れ，1本鎖にほ
どける。

└ (PCRとだけ
　覚えておけばよい)

もとのDNA

1 ⬇ 95℃

手順 2 DNA合成の起点となる短いヌクレオチ
ド鎖(**プライマー**)を与え，温度を
50～60℃に下げる。← DNAプライマー

➡プライマーと1本鎖DNAが結合する。

2 ⬇ 50℃～60℃
プライマー

← DNA合成の材料

手順 3 **4種類のヌクレオチド**と
DNAポリメラーゼを加え，
72℃に保つ。← ここで使う酵素
は高温でも働く。

➡DNAが複製される。

3 ⬇ 72℃
DNAポリメラーゼ

手順 4 再び手順1に戻る。これをくり返す。

手順1～4により，**目的とするDNA**

を短時間に大量に増幅させることができる。

解説 最初のDNA鎖のうちプライマーより上流(5′側)の配列は複製されないので，この
一連の手順をくり返すと3回目に目的の配列のみの2本鎖DNAができ，これをも
とにさらに複製をくり返していくので，目的のDNAだけを急速に増やすことができる。

<table>
<tr><td>最重要
★
★ 134
★</td><td>塩基配列解析法(サンガー法)の手順と原理
を理解しよう！</td></tr>
</table>

1 **サンガー法**── DNA複製を利用して**塩基配列を調べる**方法。

4種類の塩基を色分けし，複製されたDNA鎖を**電気泳動**で分離，標識
された色を順に読み取ることで塩基配列を求める。

2 手 順

DNAポリメラーゼの通常の基質。
デオキシリボース＋塩基＋リン酸＋リン酸＋リン酸

① 材料として**デオキシリボヌクレオシド三リン酸**以外に，ジデオキシリボヌクレオシド三リン酸を少量加えておく。ジデオキシリボヌクレオシド三リン酸には**塩基ごとに異なる蛍光色素で標識をつけておく。**

> **解説** DNAの複製は，正しくはヌクレオチドよりリン酸が2つ多いデオキシリボヌクレオシド三リン酸がつながり，リン酸が外れることで行われる。ジデオキシリボヌクレオシド三リン酸は，糖の部分にデオキシリボースより O（酸素）が1つ少ない**ジデオキシリボース**を持つ。

② **調べたいDNAの1本鎖**を用意し，これを鋳型として**DNAを複製。**

③ **ジデオキシリボヌクレオシド三リン酸を取り込むとそこでDNA合成が止まる**ので，さまざまな長さのDNA鎖が生じる。これを**電気泳動にかける。**

末端には蛍光色素がついている。

④ **＋極に近い方から順に**，蛍光色素の色をもとに塩基配列を読む。

> **解説** ふつう，機械で自動的に読み取る。この結果が，例えば A：赤，T：黄，C：青，G：緑といった色で蛍光標識していて＋極に近い側から赤，赤，緑，青，黄だったら，塩基配列はAAGCTということになる。

⑤ 手順④で読み取った塩基配列の**相補的な塩基配列**が調べたい目的の塩基配列。

> **解説** ④の解説であげた結果例では，もとの塩基配列はTTCGAとなる。

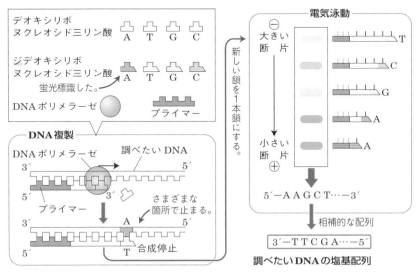

最重要 135 ★ **植物の組織培養**に関する次の実験を理解しよう!

1 植物(ニンジン)の組織培養

① 根の一部を切り出し,糖,無機塩類,植物ホルモンを与えて培養する。

オーキシンとサイトカイニン

② **未分化な状態に戻り**(**脱分化**という),増殖して,未分化な細胞集団である **カルス** が生じる。 ← 問われる!

③ カルスを,植物ホルモンの濃度を変えて培養する。

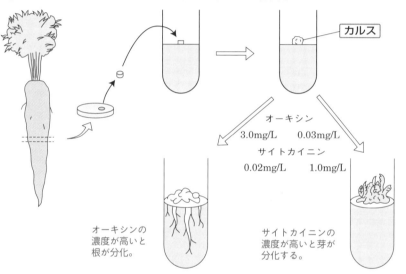

カルス

オーキシン
3.0mg/L   0.03mg/L
サイトカイニン
0.02mg/L   1.0mg/L

オーキシンの濃度が高いと根が分化。

サイトカイニンの濃度が高いと芽が分化する。

　このように,1個の細胞からでも完全な個体を形成することができる能力を **分化の全能性** という。

2 植物(ジャガイモとトマト)の細胞融合

問われる!

手順①：**ペクチナーゼ** で細胞をばらばらにし,**セルラーゼ** で細胞壁を分解する。⇨ **細胞壁を持たない裸の細胞**(これを **プロトプラスト** という)を得る。

同じナス科だが染色体数が異なり交配できない。

手順②：ジャガイモとトマトのプロトプラストを混合し,融合促進剤(**ポリエチレングリコール**など)を加えると,**細胞どうしが融合する**。

手順③：融合した細胞を組織培養の手順で培養すると，両種の特徴を兼ね備えた雑種植物が生じる。

> **解説** このような方法を使うと，自然では交配が不可能な異種の植物間の雑種もつくることができる。ジャガイモとトマトから生じた雑種植物は**ポマト**と呼ばれる。

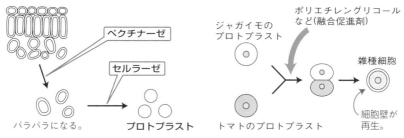

ペクチナーゼ

セルラーゼ

バラバラになる。　**プロトプラスト**

ジャガイモの
プロトプラスト

ポリエチレングリコール
など(融合促進剤)

トマトのプロトプラスト

雑種細胞

細胞壁が
再生。

> **補足** 細胞融合は植物細胞だけでなく動物細胞でも行うことができる。ポリエチレングリコール（PEG）を使う以外にも，センダイウイルス を感染させる方法や電気刺激などで融合を起こす方法などがある。特定の抗体を産生するが増殖しないリンパ球と，活発に増殖するがん細胞を融合させてつくった融合細胞を ハイブリドーマ という。

動物の核移植に関する次の実験を理解しよう。

1 **アフリカツメガエルのクローン実験(ガードンによる)**

手順①：**アフリカツメガエルの未受精卵に紫外線を照射**する。

⇨ 未受精卵の核を不活性化するため。

手順②：**オタマジャクシの小腸の上皮細胞の核や発生段階の異なる胚の細胞の核を抜き取り**，手順①の**未受精卵に移植**する。

> **補足** このとき，未受精卵のほうは核小体を2つ持つ系統，核を提供する側は核小体を1つしか持たない系統のものにしておく。核移植を受けて発生したオタマジャクシの細胞が核小体1つであれば，移植した核が働いて発生したことが確認できる。

結果1：**一部だが，正常にオタマジャクシに発生する。**

生じたオタマジャクシは，移植核を提供した個体と等しい遺伝子を持っている。このような生物を**クローン生物**という。

➡**分化した細胞の核にも，発生に必要な すべての遺伝子 が含まれる**ことがわかる。

記述問題で問われる！

結果２：移植する核が発生の 初期 のものほど，オタマジャクシに発生する割合が 高い 。➡ 発生段階が進むほど遺伝子の 発現が 強く制約される ようになるため，正常発生する能力が下がる。

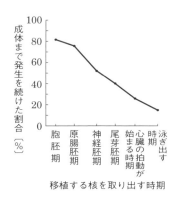

移植する核を取り出す時期

〔結論〕 どの細胞も受精卵と同じだけの遺伝子が一通り全部残っているが，特定の遺伝子のみが発現することで分化が起こる。これを選択的遺伝子発現という。

解説 たとえば，眼の水晶体ではクリスタリン，皮膚の細胞では**ケラチン**，赤血球では**ヘモグロビン**，筋繊維では**アクチン**や**ミオシン**などのタンパク質がつくられているが，これはそれぞれのタンパク質合成を支配する遺伝子が発現しているからである。

補足 分化しても受精卵と同じだけの遺伝子が残っているはずだが，リンパ球は成熟する段階で遺伝子の再編成が行われるため，これにあてはまらない。

2 クローンヒツジをつくる実験

— 意外と問われる！

手順①：ヒツジ**A**の乳腺細胞を低濃度の血清で培養する。

補足 血清には細胞の増殖に必要な因子が含まれている。細胞を低濃度の血清で培養する（**飢餓状態**におく）ことにより，細胞周期から外れた**休止期**（G_0期）の細胞が得られる。この核を未受精卵に移植することで遺伝子の制約がリセットされる。

手順②：ヒツジ**B**の未受精卵の核を除き，これに，手順①の細胞の核を移植する。

ヒツジA ⟶

手順③：核を移植された未受精卵をヒツジ**C**の子宮に移植する。

〔結果〕 ヒツジAと同じ 遺伝情報を持ったヒツジが誕生。このようにして誕生したのが，**クローンヒツジ**「**ドリー**」である。

解説 この結果からも，乳腺のように分化した細胞の核にも発生に必要なすべての遺伝子が残っていることがわかる。

ES細胞とiPS細胞については，次のポイントを押さえておこう！

1 **ES細胞** (Embryonic Stem Cell＝**胚性幹細胞**) は，

① 盛んに分裂し増殖する能力(**分裂能**)と
からだの**あらゆる細胞に分化する**能力(**多分化能**) } を持つ。

└── ES細胞は胎盤以外であれば，からだの
あらゆる細胞に分化する能力がある。

解説 胞胚に相当する時期の胚を哺乳類では**胚盤胞**という。胚盤胞期の胚の**内部細胞塊**の細胞から将来胎児が生じる。ES細胞は，この内部細胞塊を取り出して人工的に培養して作製したものである。

補足 1981年イギリスのエバンスによってマウスのES細胞が，1998年アメリカのトムソンによってヒトのES細胞が作製された。エバンスは2007年ノーベル賞受賞。

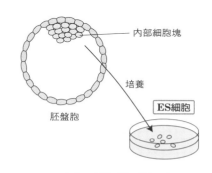

内部細胞塊

培養

ES細胞

胚盤胞

② ただしES細胞には，胚を用いるため，

┌ ヒトへの応用には**倫理的な問題** ◄── 1人の人間に育つ能力のある
│   胚を壊して(殺して)細胞を得
└ 他人の細胞を用いるため移植に伴う**拒絶反応の問題**　などがある。　る必要がある。

└── iは小文字

2 **iPS細胞** (induced Pluripotent Stem Cell＝**人工多能性幹細胞**) は

① ES細胞と同様の**分裂能**と**多分化能**を持つ。

② 皮膚細胞のように分化した**体細胞**に，**数種の遺伝子を導入**することで作製。⇨ 患者自身の体細胞を用いることで，**拒絶反応の問題**も**倫理的な問題**も回避できる！

解説 京都大学の 山中伸弥 教授により2006年にマウス，2007年にヒトのiPS細胞が作製され，2012年にノーベル医学・生理学賞を受賞。山中ファクターと呼ばれる4つの遺伝子を導入することで作製された。ES細胞が抱える拒絶反応や倫理的な問題がクリアできたことで，再生医療への応用に大きな期待が寄せられている。

キメラについては，次の3点を押さえておけばOK！

1 異なる個体に由来する**遺伝子型の異なる細胞が混在**した個体を キメラ という。

2 キメラマウスのつくり方

黒毛マウス（遺伝子型をBBとする）由来の**ES細胞**を
白毛マウス（遺伝子型をbbとする）の**胚盤胞**に移植すると，
白毛と黒毛のまだらのマウス（**キメラマウス**）が生じる。

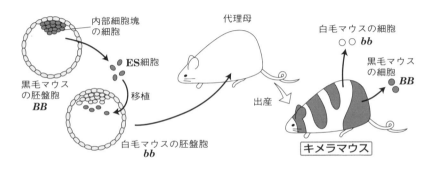

解説 この個体は，ある部分はBBの細胞，別のある部分はbbの細胞から生じたもので，1つの個体に**BBの細胞とbbの細胞が混在**している。

3 キメラからキメラの子供が生まれたりはしない！

解説 このキメラマウスの**生殖母細胞もBBの細胞とbbの細胞が混在**しており，BBからは遺伝子型Bの配偶子，bbからは遺伝子型bの配偶子が生じる（ただしBとbの配偶子が必ずしも1：1とは限らない）。キメラマウスどうしを交配しても，生じる子は1個の受精卵から発生した黒毛（BBあるいはBb）か白毛（bb）のいずれか（黒毛：白毛＝3：1とも限らない）の個体で，決して**キメラマウスは生まれない**。

➡ **スピードチェック** ▶▶▶

□ 1 DNAを特定の塩基配列の部分で切断する酵素を何というか。 ➡ 最重要 131

□ 2 DNAの断片どうしを連結する酵素を何というか。 ➡ 最重要 131

□ 3 遺伝子組換えにおいて遺伝子の運び屋として用いられる，細菌が持つ小さな環状DNAを何というか。 ➡ 最重要 131

□ 4 電気泳動の実験で，DNAは＋極と−極のいずれの方向に移動するか。 ➡ 最重要 132

□ 5 高温で働くDNAポリメラーゼを用い，温度の上昇と低下をくり返すことで目的のDNAを人工的に大量に増幅させる実験方法を何というか。 ➡ 最重要 133

□ 6 サンガー法でデオキシリボヌクレオシド三リン酸以外に少量加えるヌクレオチドの名称を答えよ。 ➡ 最重要 134

□ 7 植物の組織培養で生じる，未分化な細胞集団を何というか。 ➡ 最重要 135

□ 8 胞胚に相当する時期の胚を哺乳類では何と呼ぶか。 ➡ 最重要 137

□ 9 8の内部細胞塊を取り出して人工的に培養して作成した細胞を何というか。 ➡ 最重要 137

□ 10 分化した体細胞に，少数の遺伝子を導入することで作成した人工多能性幹細胞を何というか。 ➡ 最重要 137

□ 11 10を作製し，2012年にノーベル医学・生理学賞を受賞した研究者は誰か。 ➡ 最重要 137

□ 12 遺伝子型の異なる細胞が混在した個体を何というか。 ➡ 最重要 138

解答

1 制限酵素　2 DNAリガーゼ　3 プラスミド　4 ＋極　5 PCR法
6 ジデオキシリボヌクレオシド三リン酸　7 カルス　8 胚盤胞
9 ES細胞（胚性幹細胞）　10 iPS細胞　11 山中伸弥　12 キメラ

□ **1** DNAの複製におけるリーディング鎖とラギング鎖の方向性と連続 性について違いを説明せよ。
→ 最重要 91

□ **2** 選択的スプライシングが行われる意義について説明せよ。
→ 最重要 95

□ **3** ゲノムとは何か，簡単に説明せよ。
→ 最重要 101

□ **4** 大腸菌のラクトースオペロンについて，培地中にラクトースが存 在するときに，ラクトース分解酵素遺伝子が転写されるしくみを 次の用語を用いて簡単に説明せよ。
　　用語：リプレッサー　オペレーター　RNAポリメラーゼ
　　　　　　プロモーター
→ 最重要 104

□ **5** 精子形成と卵形成における，数および分裂後の細胞の大きさ の違いについて説明せよ。
→ 最重要 108・109

□ **6** 卵割がふつうの体細胞分裂と異なる点を3点挙げよ。
→ 最重要 113

□ **7** 両生類の発生において，受精卵の将来背側になる部域でβカテニン 濃度が高くなるしくみを，ディシェベルドおよびβカテニンの語を 用いて説明せよ。
→ 最重要 120

□ **8** 神経誘導において，原口背唇からの働きかけによって外胚葉が神 経に分化するしくみを次の用語を用いて簡単に説明せよ。
　　用語：BMP　ノギン　コーディン
→ 最重要 123

□ **9** ショウジョウバエの発生における前後軸の決定についてビコイド， ナノスの語を用いて簡単に説明せよ。
→ 最重要 128

□ **10** キメラとはどのような個体か。説明せよ。
→ 最重要 138

1 リーディング鎖はDNAがほどける方向と同じ方向に連続して伸長するが, <u>ラ</u>
<u>ギング鎖</u>はほどける方向とは逆方向に, 不連続に伸長する。

　　　　　　　　　　　　　　└── DNAポリメラーゼは3′末端側しか
　　　　　　　　　　　　　　　　伸長させることができないため。

2 1つの遺伝子からでも複数種類のmRNAが生じるので, 遺伝子の数よりも**多数**
の種類のタンパク質を合成することができる。

3 個体の形成や生命活動を営むのに必要な1組の遺伝情報

4 <u>リプレッサー</u>がラクトース代謝産物と結合し, <u>オペレーター</u>に結合できなくなる。
その結果<u>RNAポリメラーゼ</u>が<u>プロモーター</u>に結合し, ラクトース分解酵素の
遺伝子の転写が促される。

5 1個の母細胞から<u>精子</u>は**4個**, <u>卵</u>は**1個**が形成される。
精子形成では**等分裂**が行われるが, 卵形成では**不等分裂**が行われる。

6 ① 成長を伴わずに分裂する。
　　② 間期が短い。
　　③ 同調分裂する。

7 卵の植物極付近に局在していた<u>ディシェベルド</u>が, <u>表層回転</u>とともに将来の背
側に移動する。ディシェベルドが受精卵全体に分布していたβカテニンの**分解**
を抑制することで背側のβカテニン濃度が高くなる。　ディシェベルドが働かなけ
　　　　　　　　　　　　　　　　　　　　　　　　　　　　　れば自然に分解される。

8 外胚葉の細胞の受容体に<u>BMP</u>が**結合すると表皮**に, **結合しないと神経**に分化
する。原口背唇から分泌された<u>ノギンやコーディン</u>が<u>BMP</u>と結合すると,
BMPが外胚葉の細胞の受容体に結合できなくなる。その結果, 神経の形成に
関わる遺伝子の発現が促され, 外胚葉は神経に分化する。

　　　　　母性効果遺伝子という。 ──┐
9 ビコイド遺伝子やナノス遺伝子が受精前に転写され, <u>ビコイドmRNA</u>が卵の
前端に, <u>ナノスmRNA</u>が卵の**後端**に局在する。受精後, これらのmRNAが
翻訳されて生じた<u>ビコイドタンパク質</u>と**ナノスタンパク質**が拡散して**濃度勾配**
をつくり, 濃度の割合によってからだの前後を形成する遺伝子の発現が促される。

10 遺伝子型の異なる細胞が混在した個体。

17 ▶ 神経の興奮の伝導・伝達

ニューロンの構造について，次の図を自分で描いて覚えておこう！

1 ┃ニューロン┃(神経細胞)の構造──**細胞体＋樹状突起＋軸索**

核を持つ。 非常に長い突起。

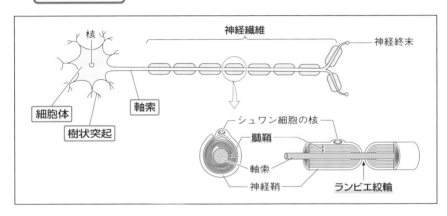

2 **神経繊維**──軸索とそれを取り巻く神経鞘を合わせたもの。

> 補足 軸索だけを神経繊維ということもある。

① **神経**は，神経繊維が束になったものである。

② ┃**有髄神経繊維**：シュワン細胞が何重にも巻きついて┃**髄鞘**┃をつくっている神経繊維

┃**無髄神経繊維**：髄鞘が見られない神経繊維

③ 脊椎動物の大部分の神経は有髄神経繊維，無脊椎動物の神経は無髄神経繊維のみである。

> 補足 中枢神経では，神経鞘の細胞が**シュワン細胞**ではなく**オリゴデンドロサイト**と呼ばれる細胞で，シュワン細胞やオリゴデンドロサイトなどを合わせて**グリア細胞**(神経膠細胞)という。

静止電位と活動電位については，イオンの移動を押さえよ！

※ 電位の発生に関与するチャネルは次の3種類

- 電位に依存しないK^+チャネル（**X**とする）
- 電位依存性K^+チャネル（**Y**とする）
- 電位依存性Na^+チャネル（**Z**とする）

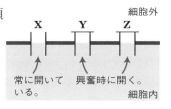

① **静止電位**——Na^+ポンプによってNa^+が細胞外，K^+が細胞内に移動し，**X**によって細胞内から細胞外へK^+の一部が流出。

⇨ **細胞外が正，細胞内が負**

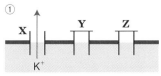

② **興奮**＝活動電位の発生——刺激を受けると**Z**が開き，細胞外のNa^+が流入。

⇨ **細胞内が正，細胞外が負**と**電位が逆転**。

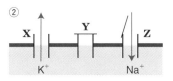

③ **活動電位の終息**——**Z**が閉じて，**Y**が開き，細胞外へK^+が流出。

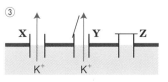

⇨ **再びもとの電位**（細胞外が正，細胞内が負）に。この**一連の電位変化**を**活動電位**という。

⇨ さらにNa^+ポンプによってイオンの分布ももとの状態に戻る。

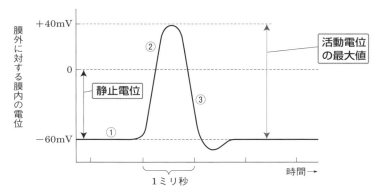

17 神経の興奮の伝導・伝達　135

★★★★★ 最重要
141 活動電位の発生には**全か無かの法則**が成り立つ。
発生した活動電位の大きさは同じ。

1 **1本の神経繊維について**

① **全か無かの法則** —— **閾値**より小さい刺激では興奮しない。

閾値より強ければそれ以上刺激が強くなっても興奮の大きさは一定。

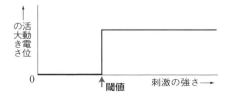

補足 全か無かの法則は筋肉の細胞（筋繊維）においても成り立つ。その場合は、グラフの縦軸に収縮の大きさをとることになる。

② 刺激が大きくなると、活動電位の大きさは一定のままだが、**活動電位が発生する頻度が増加する**。

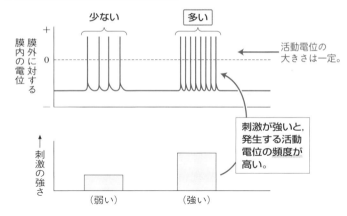

少ない　　多い

膜外に対する膜内の電位

活動電位の大きさは一定。

刺激が強いと、発生する活動電位の頻度が高い。

刺激の強さ

（弱い）　（強い）

2 **1本の神経について** ——

神経を構成する多数のニューロンはそれぞれ異なる**閾値**で興奮するため、刺激が強くなるほど**興奮するニューロンの数も増え、興奮は大きくなる**。

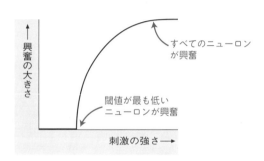

興奮の大きさ

すべてのニューロンが興奮

閾値が最も低いニューロンが興奮

刺激の強さ →

興奮の伝導については次の3つのポイントを押さえればOK。

1 神経繊維を刺激すると興奮部と静止部との間に**活動電流**が流れ，これにより隣接部が興奮して興奮が伝わる。これを興奮の|**伝導**|という。

解説 細胞膜の外側では静止部から興奮部へ，内側では興奮部から静止部へ活動電流が流れる。

無髄神経における伝導

＋からーに向かって流れる。

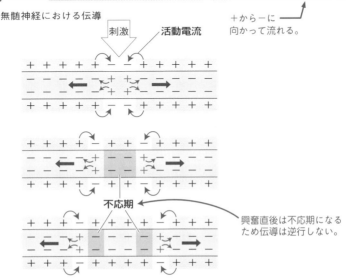

興奮直後は不応期になるため伝導は逆行しない。

2 興奮の伝導は|**両方向**|に進む。

解説 興奮が終わった直後は，しばらくは刺激に反応できない状態(これを**不応期**という)になるので，直前に興奮した部位への逆向きの伝導は起こらない。

3 伝導速度は $\left\{\begin{array}{l} \fbox{髄鞘}がある \\ 軸索が 太い \\ 温度が高い \end{array}\right.$ ほうが大きい。

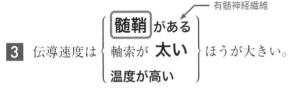

有髄神経繊維

解説 **有髄神経繊維**の髄鞘は電気を通さない**絶縁体**なので，興奮の伝導は髄鞘の切れ目である|ランビエ絞輪|から隣のランビエ絞輪へと，とびとびに進む(**跳躍伝導**)ため，無髄神経繊維よりも伝導速度が大きい。また，軸索が太かったり温度が高いと電気抵抗が小さくなり，伝導速度が大きくなる。

最重要
143 興奮の伝達について次の**6点**を押さえよう！

1 ニューロンと次のニューロンあるいは効果器との連接部を シナプス といい，シナプスでの興奮の伝え方を興奮の 伝達 という。

2 シナプスでは， 神経伝達物質 により，**神経終末**（**軸索末端**）から次の細胞（**シナプス後細胞**や効果器）への**一方向にのみ**興奮が伝えられる。

3 伝達のしくみ

① 興奮がシナプス前細胞の神経終末（軸索末端）に達すると，神経終末にある**電位依存性Ca^{2+}チャネル**が開き，Ca^{2+}が流入する。

② Ca^{2+}が流入すると神経終末にある シナプス小胞 がシナプス前細胞の細胞膜と融合し，神経伝達物質が シナプス間隙 に放出される（**エキソサイトーシス**）。

リガンド依存性イオンチャネルともいう ⟶

③ 神経伝達物質がシナプス後細胞の受容体（**伝達物質依存性イオンチャネル**）に結合するとイオンチャネルが開き，Na^+やCl^-などのイオンが流入してシナプス後細胞の電位が変化する。

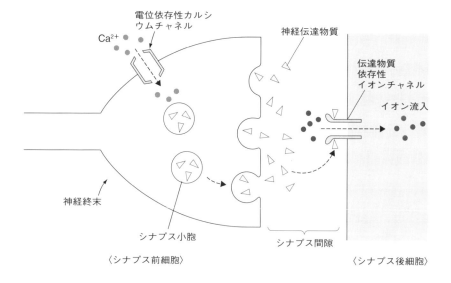

4 流入するイオンと電位の発生

流入する
イオンが

➤ Na^+の場合 ⇨ シナプス後電位は**プラス**のほうに変化。
　　　　　　興奮性シナプス後電位（EPSP）

➤ Cl^-の場合 ⇨ シナプス後電位は**マイナス**のほうに変化。
　　　　　　抑制性シナプス後電位（IPSP）

5 神経伝達物質の例

副交感神経や運動神経から放出 　　 交感神経から放出

興奮性の神経伝達物質…**アセチルコリン，ノルアドレナリン，**
　　　　　　グルタミン酸

抑制性の神経伝達物質…
ガンマ ギャバ
γアミノ酪酸（GABA）

6 放出された神経伝達物質はもとのニューロンに**回収**されたり，酵素によって速やかに**分解**されるので，次の伝達が正常に行われるようになる。

★
★　**最重要**
★　**144**

伝導速度に関する計算問題は次の**2つ**
を使えば**満点**がとれる!!

1 伝導速度＝$\dfrac{刺激した2点間の距離}{反応時間の差}$

2 **神経を刺激してから筋収縮**（⇨最重要160）**が起こるまでの時間**には，次の**3つ**が含まれている。

① **刺激点から神経終末まで伝導する時間**

② **神経筋接合部において伝達する時間**

③ **筋肉に刺激が伝えられてから収縮が始まるまで**の時間

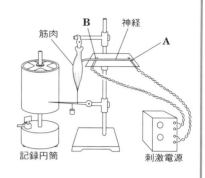

B 神経
筋肉
A
記録円筒
刺激電源

例 題　神経筋標本による実験

　右図の装置を使って筋肉から6cm離れたA点を刺激すると7.5ミリ秒後に筋収縮が起こった。筋肉から2cm離れたB点を刺激すると5.9ミリ秒後に筋収縮が起こった。また，筋肉を直接刺激すると2.0ミリ秒後に筋収縮が起こった。

(1) 神経の伝導速度〔m/秒〕を求めよ。
(2) 筋肉から8cm離れたC点を刺激すると何ミリ秒後に筋収縮が起こるか。
(3) 神経筋接合部における伝達に要する時間は何ミリ秒か。

解説 (1) A点を刺激したときの7.5ミリ秒の内訳は次の通り。

$\underline{6cm間を伝導する時間}$ + **2**の② + **2**の③＝7.5ミリ秒 ……(i)
（最重要144－**2**の①）

同様に，B点を刺激したときの5.9ミリ秒の内訳は，

$\underline{2cm間を伝導する時間}$ + **2**の② + **2**の③＝5.9ミリ秒 ……(ii)
（最重要144－**2**の①）

(i)から(ii)を引くと(6－2)cm間を伝導する時間 ＝(7.5－5.9)ミリ秒となり

伝導速度＝$\dfrac{(6-2)\,cm}{(7.5-5.9)ミリ秒}$で求められることになる。これが**1**の式になる。

$$\dfrac{(6-2)\,cm}{(7.5-5.9)ミリ秒}=\dfrac{4\,cm}{1.6ミリ秒}=2.5\,cm/ミリ秒$$

あとは問われている単位(m/秒)に直す。1ミリ秒は$\dfrac{1}{1000}$秒なので

$2.5\times1000\,cm/秒＝\textbf{25\,m/秒}$

(2) 右図のようにA点からバトンタッチするように考える。

よってCからAまで伝導する時間は

$\dfrac{距離}{速度}=\dfrac{(8-6)\,cm}{2.5\,cm/ミリ秒}=0.8$ミリ秒

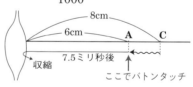

8cm
6cm
A　C
収縮
7.5ミリ秒後
ここでバトンタッチ

∴　0.8ミリ秒＋7.5ミリ秒＝**8.3ミリ秒後**

(3) 筋肉を直接刺激しても2.0ミリ秒しないと筋収縮しなかった。これが**2**の③の時間である。たとえばA点を刺激したときの7.5ミリ秒を使うと（B点のデータを使ってもよい），

$\underline{6cm間を伝導する時間}$ ＋ **2**の② ＋ **2**の③ ＝7.5ミリ秒
　　＝＝　　　　　　　＝＝　　　　＝＝
距離÷速度　　　　求める時間　　2.0ミリ秒

∴ $\dfrac{6\,cm}{2.5\,cm/ミリ秒}+x$〔ミリ秒〕＋2.0ミリ秒＝7.5ミリ秒

これより　$x = 7.5 - 2.4 - 2.0 = \textbf{3.1 ミリ秒}$

答 (1) **25m/秒**　　(2) **8.3ミリ秒後**　　(3) **3.1ミリ秒**

➡ スピードチェック

☐ 1 ニューロンの構造で，核を含む部分を何というか。
➡ 最重要 139

☐ 2 静止電位は，細胞内が細胞外に対して正(＋)か負(－)か。
➡ 最重要 140

☐ 3 興奮が生じるときに細胞内に流入するイオンは何か。
➡ 最重要 140

☐ 4 単一のニューロンは興奮が起こる刺激の強さが決まっており，その値以上の刺激では刺激の強さに関わらず興奮の大きさは一定である。これを何の法則というか。
➡ 最重要 141

☐ 5 4の法則における興奮が起こる最小の刺激の強さを何というか。
➡ 最重要 141

☐ 6 髄鞘を持つ有髄神経繊維で見られる興奮の伝え方を何というか。
➡ 最重要 142

☐ 7 ニューロンと次のニューロンあるいは効果器との連接部を何というか。
➡ 最重要 143

☐ 8 神経終末にある，神経伝達物質を含んでいる小胞を何というか。
➡ 最重要 143

☐ 9 神経終末まで興奮が伝導したときに開き，神経伝達物質の放出を促すことになるチャネルは何か。
➡ 最重要 143

☐ 10 副交感神経や運動神経の末端から放出される神経伝達物質は何か。
➡ 最重要 143

☐ 11 抑制性シナプス後電位が生じるときにシナプス後細胞内に流入するイオンは何か。
➡ 最重要 143

☐ 12 筋肉に接続する神経繊維の1点を刺激してから筋肉が収縮するまでに要する時間には，神経繊維を伝導する時間，神経筋接合部での伝達時間のほかにどのような時間が含まれているか。
➡ 最重要 144

解答

1 細胞体　　2 負(－)　　3 Na^+(ナトリウムイオン)　　4 全か無かの法則
5 閾値　　6 跳躍伝導　　7 シナプス　　8 シナプス小胞
9 電位依存性カルシウムチャネル　　10 アセチルコリン
11 Cl^-(クロライドイオン)　　12 筋肉に刺激が伝わってから収縮が始まるまでの時間

18 ▶ 刺激の受容と統合

ヒトの眼の構造については，次の図の◯◯を特に覚えておくこと。よく出る！

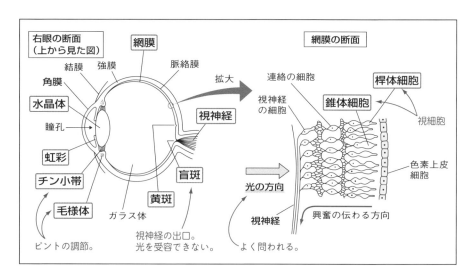

右眼の断面
（上から見た図）

網膜

結膜　強膜

脈絡膜

角膜

拡大

水晶体

視神経

瞳孔

虹彩

盲斑

チン小帯

黄斑

毛様体

ガラス体

ピントの調節。

視神経の出口。
光を受容できない。

網膜の断面

連絡の細胞

桿体細胞

視神経
の細胞

錐体細胞

視細胞

色素上皮
細胞

光の方向

視神経

興奮の伝わる方向

よく問われる。

最重要
★ ★ ★
146

2 種類の視細胞の特徴は特に重要。それぞれ次の**3 つ**がポイント。

1 桿体細胞（かんたい）

① 弱い光に対しても働く。

② 明暗，物の形を識別する（色彩は識別できない）。

③ 網膜の周辺部に多く分布する。

桿体細胞は
先が細長い。
（「桿」＝棒，さお）

解説 桿体細胞には**ロドプシン**という**視物質**が含まれる。ロドプシンは，**オプシン**というタンパク質と**レチナール**からなる。光が当たると，レチナールの構造が変化し，オプシンから離れる。これによって桿体細胞に興奮が生じる。

補足 レチナールはビタミンAからつくられる物質なので，ビタミンAが不足するとレチナール不足となり，薄暗いときによく見えなくなる（**夜盲症**）。

2 錐体細胞

錐体細胞は先が
とがっている。

① 明るいところで働く。

うす暗いところでは
色がわかりにくくなる。

② 明暗，物の形以外に，$\boxed{色彩を識別}$ する。

③ 網膜の中央部，特に**黄斑に集中して分布する**。

解説 錐体細胞には，波長によって感度の異なる3種類の錐体細胞（青錐体細胞，緑錐体細胞，赤錐体細胞）があり，それぞれ，430 nm，530 nm，560 nm付近の波長の光をよく吸収する**フォトプシン**と呼ばれる視物質を含む。これらの複数の細胞の興奮の程度によって色が認識される。

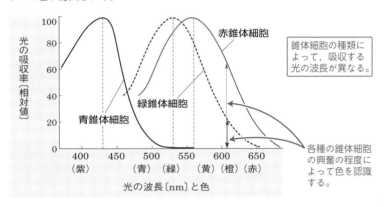

錐体細胞の種類によって，吸収する光の波長が異なる。

各種の錐体細胞の興奮の程度によって色を認識する。

3 **視細胞の分布**を示した下のグラフを理解しよう。

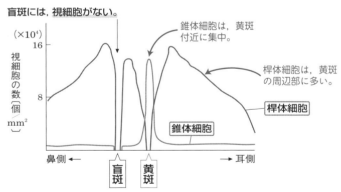

盲斑には，視細胞がない。

錐体細胞は，黄斑付近に集中。

桿体細胞は，黄斑の周辺部に多い。

解説 **盲斑**は，視神経繊維が束になって網膜を貫き出ていく出口なので，桿体細胞も錐体細胞も存在しない。**黄斑**には錐体細胞のみが密に分布している。上のグラフは右眼の網膜における視細胞の分布を示している。

最重要 147

★★ 眼に入る**光の量の調節**は**虹彩**にある **2 種類の 筋肉**による。関与する神経と筋肉をセットで覚えよう！

1 明所 ：**副交感**神経により**瞳孔括約筋が収縮** ⇨ 瞳孔縮小

2 暗所 ：交感神経により**瞳孔散大筋が収縮** ⇨ 瞳孔 拡大

最重要 148

★★★ **暗順応を示す**次の**グラフ**は，**よく問われる！**

1 暗順応 ——明るい場所から急に暗い場所に入ったとき，最初よく見えなかったものが，しばらくすると見えるようになる現象。

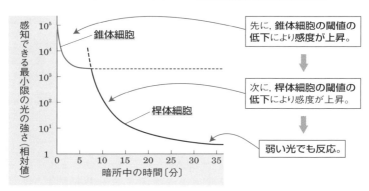

解説 最初は桿体細胞に含まれる**ロドプシン**の量が少ないので，桿体細胞の感度は低く（閾値が高く），錐体細胞のほうが反応するが，やがて，ロドプシンが再合成されて**ロドプシンの量が増加**してくると，**桿体細胞の感度が上がり（閾値が下がり）**，弱い光で反応できるようになる。

2 明順応 ——暗い場所から急に明るい場所にいくと最初はまぶしいが，やがてまぶしく感じずに見えるようになる現象。

補足 最初は桿体細胞に蓄積していたロドプシンが急激に分解されて桿体細胞が過度に興奮するが，やがて**ロドプシンの量が減少して**桿体細胞の**感度が低下する**ためまぶしく感じなくなる。

最重要 149

遠近調節には，**毛様体，チン小帯，水晶体**の 3 つが関与する。

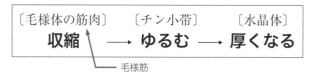

← 漢字注意

← レンズ

1 近くを見るとき

〔毛様体の筋肉〕　〔チン小帯〕　〔水晶体〕
　収縮 → **ゆるむ** → **厚くなる**
　└ 毛様筋

2 遠くを見るとき──**1**の逆。

〔毛様体の筋肉〕　〔チン小帯〕　〔水晶体〕
　弛緩 → 緊張 → 薄くなる

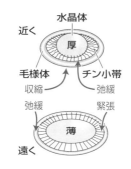

最重要 150

ヒトの耳についても，次の図の ☐ を特に覚えよう。

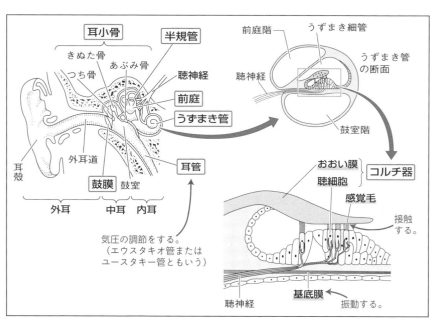

音が伝わる経路をマスターしよう。

鼓膜の振動を増幅。

（空気の振動）──→ 外耳道 ──→ 鼓膜 の振動 ──→ 耳小骨 の振動 ──→

──→ うずまき管 のリンパ液の振動 ──→ 基底膜の振動 ──→

──→ 聴細胞の興奮 ──→ 聴神経 ──→ 大脳

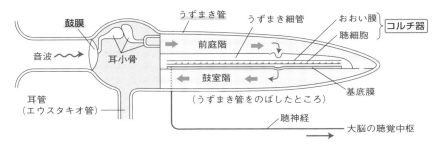

解説 前庭階のリンパ液の振動で**基底膜**が振動する。基底膜が振動すると，**聴細胞**にある**感覚毛**が**おおい膜**との接触によって曲がり，聴細胞に興奮が生じる。

補足 基底膜の幅は，うずまき管の入り口のほうが狭く，先端部のほうが広くなっている。音波の振動数が大きい高い音は，幅が狭い入り口近くの基底膜を振動させ，膜の上にある聴細胞が興奮する。このように，**音の高低**によって振動する基底膜の場所が異なり，音の高低が識別される。

内耳にある3つの器官の働きはよく出る。
耳が音以外の刺激も受容することに注意せよ。

1 うずまき管 の コルチ器 ── 音の刺激を受容。

2 前庭 ── 傾きを受容。

解説 前庭では感覚細胞の上に**平衡砂**（耳石）がのっており，からだ（頭部）が傾くと平衡砂が動いて感覚細胞の**感覚毛**が屈曲することで傾きを受容する。

加速度

3 半規管 ── 回転を受容。

解説 半規管は互いに直交した半円形の3本の管で，中に入っている**リンパ液**の流れを感覚毛を持った感覚細胞が受け取ることで回転運動を受容する。

各受容器が受容できる刺激を 適刺激 という。
ヒトの受容器と**適刺激**をまとめておこう！

	受容器	適刺激	感覚
眼	網膜	光(可視光)	**視覚**
耳	コルチ器	音波(空気の振動)	**聴覚**
	前庭	からだの傾き(重力方向)	平衡覚
	半規管	からだの回転(加速度)	
鼻	嗅上皮	気体中の化学物質	**嗅覚**
舌	味覚芽	液体中の化学物質	**味覚**
皮膚	圧点	接触による圧力	圧覚
	痛点	強い圧力，熱など	痛覚
	温点	高い温度	温覚
	冷点	低い温度	冷覚

最重要 154 ★★★

ヒトの神経系の構成は，情報の統合に関する基本。
次のようにまとめておこう。

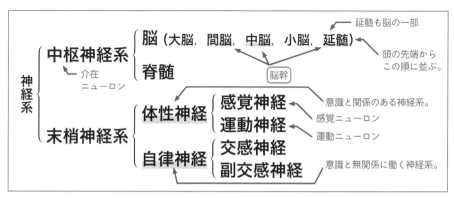

補足　末梢神経は，どの中枢とつながっているかで次のように分類される。

　　末梢神経 ｛ 脳神経──脳から出ている．**12対**ある。
　　　　　　　 脊髄神経──脊髄から出ている．**31対**ある。

★★★ 最重要 155 脳の各部のある**場所**，**名称**，**働き**は，**セット**にして覚えておこう。

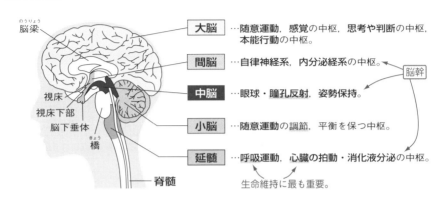

脳梁

視床
視床下部
脳下垂体
橋

脊髄

- **大脳** …随意運動，感覚の中枢，思考や判断の中枢，本能行動の中枢。
- **間脳** …自律神経系，内分泌経系の中枢。
- **中脳** …眼球・瞳孔反射，姿勢保持。
- **小脳** …随意運動の調節，平衡を保つ中枢。
- **延髄** …呼吸運動，心臓の拍動・消化液分泌の中枢。

脳幹

生命維持に最も重要。

★★ 最重要 156 **灰白質**と**白質**の位置が，**大脳と脊髄**とでは**逆**。

1 灰白質──ニューロンの**細胞体が多く集まっている所**。中枢となって働く部分。

⇨ 大脳 では 皮質
　脊髄 では 髄質 } が灰白質。

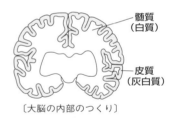

髄質（白質）

皮質（灰白質）

〔大脳の内部のつくり〕

2 白質──ニューロンの**神経繊維が束になって通っている所**。興奮を伝える通り道になっている部分。

⇨ 大脳 では 髄質
　脊髄 では 皮質 } が白質。

3 大脳皮質はさらに次のように分けられる。

大脳皮質 {
新皮質：随意運動の中枢，思考・判断など高度な精神活動の中枢。

辺縁皮質：嗅覚，欲求や情動行動の中枢，**海馬**を含む。

記憶の形成に関与。

2種類の脊髄反射の経路を，図でマスターしよう！

1 反射弓 —— 反射における興奮の伝達経路。
└─ 刺激に対して無意識に起こる反応

2 膝蓋腱反射の経路

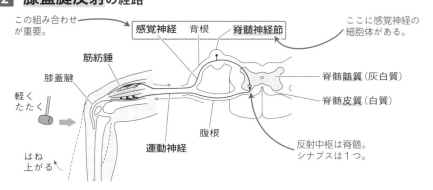

この組み合わせが重要。

| 感覚神経 | 背根 | 脊髄神経節 |

ここに感覚神経の細胞体がある。

筋紡錘

膝蓋腱

軽くたたく

脊髄髄質（灰白質）

脊髄皮質（白質）

腹根

運動神経

はね上がる

反射中枢は脊髄。シナプスは1つ。

解説 膝頭の下にある膝蓋腱をたたくと，太ももの筋肉が引かれる。それを筋肉中にある**筋紡錘**という受容器が受容し，その興奮が**感覚神経→運動神経→筋肉**と伝わり，足がはね上がる（ひざの関節がのびる）。
└─ 膝蓋腱反射の反射弓

補足 膝蓋腱反射では，足をのばす筋肉（伸筋）が収縮すると同時に，足を曲げる筋肉（屈筋）が，**感覚神経→抑制性の介在ニューロン→運動神経の興奮を抑制→筋肉弛緩**の経路によって弛緩している。

3 屈筋反射の経路

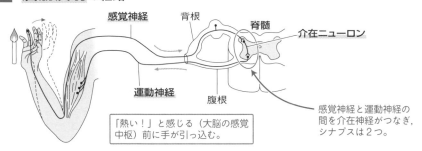

感覚神経　背根　脊髄　介在ニューロン

運動神経　腹根

「熱い！」と感じる（大脳の感覚中枢）前に手が引っ込む。

感覚神経と運動神経の間を介在神経がつなぎ，シナプスは2つ。

補足 熱い物に触れたとき思わず手を引っ込めるような反射が**屈筋反射**である。膝蓋腱反射とは異なり，感覚神経と運動神経の間に介在ニューロンが存在する。

➡ スピードチェック

☐ 1 明所で働き，色彩を識別する視細胞は何か。 ➡ 最重要 146

☐ 2 明所で瞳孔括約筋を収縮させ瞳孔を縮小させる神経は，交感神経か副交感神経か。 ➡ 最重要 147

☐ 3 暗所で働く視細胞が持つ光受容物質を何というか。 ➡ 最重要 148

☐ 4 近い所にピントを合わせるときは毛様体の筋肉は収縮するか弛緩するか。 ➡ 最重要 149

☐ 5 鼓膜の振動を増幅させてうずまき管に伝える働きを持つものは何か。 ➡ 最重要 151

☐ 6 内耳にある，傾きを受容する器官と回転感覚を受容する器官はそれぞれ何か。 ➡ 最重要 152

☐ 7 各受容器が受容することができる刺激を何刺激というか。 ➡ 最重要 153

☐ 8 末梢神経は自律神経と何神経からなるか。 ➡ 最重要 154

☐ 9 間脳と中脳と延髄を合わせて何というか。 ➡ 最重要 155

☐10 大脳皮質は白質か灰白質か。 ➡ 最重要 156

☐11 大脳皮質は新皮質と何皮質に分けられるか。 ➡ 最重要 156

☐12 膝蓋腱反射において，感覚神経は脊髄の背根と腹根のいずれを通るか。 ➡ 最重要 157

解答

1錐体細胞　　2副交感神経　　3ロドプシン　　4収縮　　5耳小骨
6傾き…前庭，回転感覚…半規管　　7適刺激　　8体性神経　　9脳幹
10灰白質　　11辺縁皮質　　12背根

19 ▶ 効果器と行動

最重要 158 ★★

筋収縮に関する4つのグラフをマスターしよう。
はじめの3つは，**刺激の頻度**による違い。

1 単収縮——右図のような装置を使い，

瞬間的な1回の刺激を与えたときの収縮。

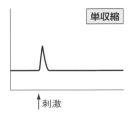

単収縮

↑刺激

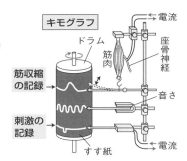

キモグラフ

ドラム
筋肉
座骨神経
筋収縮の記録
音さ
刺激の記録
すす紙
電流
電流

2 不完全強縮 ⟶ 完全強縮——刺激の頻度を高くしたときの収縮。

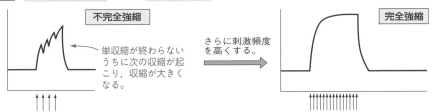

不完全強縮

単収縮が終わらないうちに次の収縮が起こり，収縮が大きくなる。

さらに刺激頻度を高くする。

完全強縮

3 単収縮曲線——単収縮のようすをくわしく調べるために，上の図の

装置のドラムの回転をもっと速くして
記録したときの曲線。

右の図の { **a** …潜伏期 ← 刺激を与えてから収縮するまでの間。
b …収縮期
c …弛緩期 }

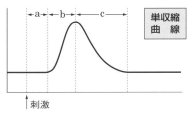

← a → ← b → ← c →

単収縮曲線

↑刺激

解説 潜伏期には次の3つの時間が含まれている。①神経の軸索末端まで興奮が伝導する時間，②軸索末端から筋肉に興奮が伝達する時間，③筋肉に興奮が伝わってから収縮し始めるまでの時間。

筋原繊維の構造を覚えよう！

1 筋肉を構成している細胞を 筋繊維 (筋細胞)という。

> 補足 胃や腸の**内臓筋**や**心筋**の筋繊維は単核の細胞だが，**骨格筋**の筋繊維は多数の細胞が
> 融合してできた，1つの細胞に多くの核を持つ多核細胞である。

2 筋繊維に含まれている微細な繊維を 筋原繊維 といい，骨格筋の場合
は次のような構造をしている。

① **アクチンフィラメント** ← アクチンからなり，トロポミオシン，トロ
ポニンというタンパク質が結合している。

② **ミオシンフィラメント** ← ミオシンというタンパク質からなる。

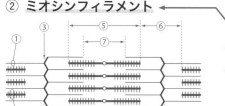

③ **Z膜** ← Z線，Z帯ともいう。

④ **サルコメア(筋節)** ← Z膜からZ膜まで。

⑤ **暗帯**　　⑥ **明帯**　　⑦ **H帯**

筋収縮のしくみを図とともに理解しよう！

1 筋収縮のしくみ

Ca²⁺チャネルによる受動輸送 ─

① 筋肉に興奮が伝えられると， 筋小胞体 からCa²⁺が放出 される。

② Ca²⁺が**トロポニン**と結合する。

③ **トロポミオシン**の形が変わり，アクチンのミオシン結合部位が露出。

④ ミオシン頭部とアクチンが結合する。

⑤ ミオシン頭部に結合していたADPとリン酸が解離する。

⑥ ミオシン頭部が屈曲してアクチンフィラメントをたぐり寄せる。

⑦ 新たなATPが結合すると，ミオシン頭部がアクチンから離れる。

⑧ ミオシン頭部が持つ**ATPアーゼ**の働きで**ATPが分解され**，生じた
エネルギーによってミオシン頭部が次の結合部位に移動し，④に戻る。

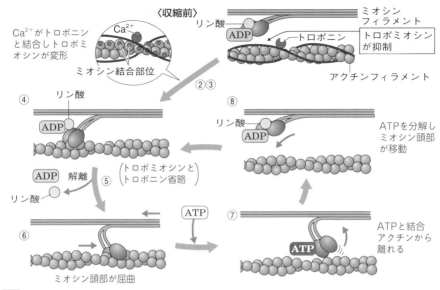

〈収縮前〉

Ca²⁺がトロポニンと結合しトロポミオシンが変形

Ca²⁺

ミオシン結合部位

リン酸

ADP

ミオシンフィラメント

トロポニン

トロポミオシンが抑制

アクチンフィラメント

②③

④ リン酸

ADP

⑧ リン酸

ADP

ATPを分解しミオシン頭部が移動

ADP 解離

リン酸

⑤ (トロポミオシンとトロポニン省略)

ATP

⑦

ATP

ATPと結合アクチンから離れる

⑥

ミオシン頭部が屈曲

2 筋肉が**弛緩**するしくみ

Ca²⁺ポンプによる能動輸送

① Ca²⁺が**筋小胞体に回収され**, Ca²⁺がトロポニンから離れる。

② ミオシン結合部がトロポミオシンによって遮断され, ミオシン頭部とアクチンが結合できなくなる。

★★★★ 最重要 161

筋収縮に関して, 混同しやすい次の **4つの設問**に注意せよ！

1 筋収縮が起こってもその**長さが変化しない**のは暗帯か明帯か？

⇨ 暗帯

2 Ca²⁺が筋小胞体から放出されるのは**能動輸送か受動輸送か**？

⇨ 受動輸送

3 Ca²⁺が結合するのは**トロポニンかトロポミオシンか**？ ⇨ トロポニン

4 ミオシン頭部が屈曲してアクチンフィラメントをたぐり寄せるのはATPが分解されたときかADPがミオシン頭部から解離したときか？

⇨ **ADPが解離したとき**

筋収縮のエネルギー供給のポイントは,次の3つ(**1**〜**3**)。

1 直接のエネルギー源は**ATP**である。

2 すばやくATPを再合成するのは クレアチンリン酸 である。

> **解説** ATPが分解されて生じたADPに,クレアチンリン酸のリン酸が渡されて,ADPが ATPに再合成される。このような反応を**リン酸転移反応**という。

3 おおもとのエネルギー源は**グリコーゲン**。これを分解して**ATP**を合成する。

> 酸素の供給が十分な場合 ⇨ 呼吸 で分解して**ATP**を合成する。
>
> 酸素の供給が不十分な場合 ⇨ 解糖 で分解して**ATP**を合成する。

> **解説** 筋肉中で行われる,グリコーゲンを乳酸まで分解する代謝を**解糖**と呼ぶ。乳酸菌が 行う**乳酸発酵**と同様の反応だが,呼び方は区別される(⇨ p.71)。

> **補足** ATPが財布にたくさん入れておけない100円玉,クレアチンリン酸が自動販売機で 使えない1万円札,グリコーゲンは金庫や銀行に貯めたお金のように考えよう。

4 以上の反応を模式的にまとめると,次のようになる。

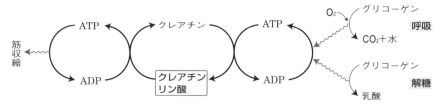

> **補足** これ以外にも2分子のADPからATPを再合成する反応もある。1分子のADPの リン酸をもう1分子のADPに転移するとATPが生じ,リン酸を転移したほうは AMP(アデノシン一リン酸)になる。

張力に関しては,次の**2点**を押さえること!サルコメアの長さとの関係のグラフは**3**か所に注目。

1 ミオシンフィラメントの突起部分とアクチンフィラメントの重なりが大きいと張力は大きくなる。 └─ 突起部分(ミオシン頭部)はサルコメアの中央にはない!

2 アクチンフィラメントどうしが重なると張力は減少する。

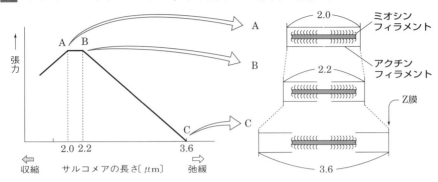

解説 Aの状態のときのサルコメアの長さは，アクチンフィラメント2本分に相当する。B
の状態でのサルコメアの長さは，Aの長さにミオシンフィラメントの突起のない部
分を加えた長さに相当する。Cの状態のときのサルコメアの長さは，アクチンフィ
ラメント2本分とミオシンフィラメント1本分に相当する。AとCの値より，この
場合のアクチンフィラメント1本の長さは2.0÷2＝1.0μm，ミオシンフィラメント
1本の長さは3.6−2.0＝1.6μmとわかる。

★
★ 最重要
★ **164**

生得的行動について次の**2つの用語**を，例と
ともに押さえておこう！

← 生まれながらに備わった定型的行動

1 **鍵刺激**（**信号刺激**）——特定の行動を引き起こさせる外界からの刺激。

← トゲウオの一種の淡水魚

例 縄張り（⇨最重要197）を持つ**イトヨ**の雄は，腹部が赤い雄に対して攻
撃行動を起こす。この場合は**赤い腹が鍵刺激**。

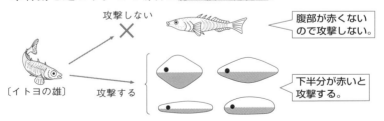

攻撃しない

腹部が赤くない
ので攻撃しない。

〔イトヨの雄〕 攻撃する

下半分が赤いと
攻撃する。

解説 縄張りを持つイトヨの雄は，①卵で**膨れた雌の腹を鍵刺激**として**ジグザグダンス**を
行う。②ジグザグダンスが**鍵刺激**となり雌は求愛に応じる。すると③雄は自分の巣
へ雌を誘導する。④雌が巣に入ると雄は雌の尾の基部をつつき産卵を促す。⑤産卵
が終わると，雄は巣の中の卵に精子をかける。このように鍵刺激で生じた行動が次の
行動の鍵刺激となり，一定の順序で行われる一連の行動を**固定的動作パターン**という。

2 　**定位**——環境中の刺激を目印にして自分のからだを特定の方向に定めること。

① **メダカ**は，水の流れてくる方向へ向かって定位して泳ぐ。

　　解説 このように刺激に対して一定の方向に移動する行動を **走性** という。刺激源に向かう場合は **正**，遠ざかる場合は **負** という。メダカの場合は **正の流れ走性** という。

　　補足 他にも，ゾウリムシは **負の重力走性**，ガ（蛾）は **正の光走性** がある。

② **メンフクロウ**（夜行性の鳥類）は，標的からの **音** を左右の耳に到達する音の **時間差** や **強弱の差** を脳で分析し，標的に向かって飛ぶ。

③ **コウモリ** は **超音波** を発して，標的から跳ね返ってくる反響音（エコー）を分析することで標的に向かって飛ぶ。 ┗── 反響定位という。

④ かごに入れられた **ホシムクドリ**（昼間に **渡り** を行う渡り鳥）は，渡りをする季節になると，渡りをする方角を向いてとまる。

　　解説 この場合は太陽の位置の情報を基準にしており，これを **太陽コンパス** という。

　　補足 太陽コンパス以外にも **星座コンパス** や **地磁気コンパス** を利用する動物もある。

⑤ **ミツバチの働きバチ** は，仲間の働きバチが行う **8の字ダンス** によって餌場の方向と距離を知る。

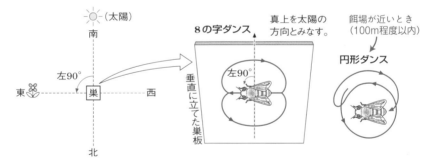

　　解説 8の字ダンスの直進方向と重力と反対方向（上方向）とのなす角度が太陽と餌場の間の角度に一致する。この場合も **太陽コンパス** が用いられている。また，餌場までの距離が近いほど時間あたりのダンスの回数は多くなる。

⑥ **雄のカイコガ** は，雌が分泌する **性フェロモン** を触角で受容して，フェロモン源へ定位する。

　　補足 動物の体内でつくられて体外に分泌され，同種の他個体に特有の行動を起こさせる鍵刺激として働く物質を **フェロモン** という。性フェロモン以外に，**道しるべフェロモン** や **警報フェロモン** などがある。

学習 に関する **7つの用語**を覚えよう！

└── 生まれてからの経験によって行動が変化すること

1 慣れ──同じ刺激がくり返されることで反応しなくなる単純な学習。

例 **アメフラシ**(軟体動物)：水管に触れるとえらを引っ込める反射(えら引っ込め反射)が，くり返し刺激を与えると起こらなくなる。

解説 水管の感覚神経はえらの運動神経と接続している。水管への刺激がくり返されると，シナプスで感覚神経から放出される神経伝達物質の量が減少し，運動神経が興奮しなくなる。

2 脱慣れ──他の部位への刺激により，いったん慣れが生じていた反応性が回復すること。

3 鋭敏化──他の部位への刺激により，反応性が増強する現象。

└── 生得的行動と誤解されやすい。要注意!!

4 刷込み (インプリンティング)──生後特定の時期にのみ起きる学習。

例 アヒルのひながふ化後間もない時期に身近で見た動くものの後を追う。

解説 ふつうひなは母親の後を追うが，それはこの刷込みによる習性である。刷込みはいったん成立すると変更されにくいという特徴がある。

5 古典的条件づけ──本来の反応を引き起こす刺激とは無関係の刺激と反応が結びつく学習。

┌── 無条件刺激

条件刺激 ──┘

例 イヌに肉片を与える直前にベルの音を聞かせることをくり返すと，ベルの音だけで唾液を分泌するようになった(**パブロフの実験**)。

6 オペラント条件付け──試行錯誤により，自身の行動と報酬あるいは罰とを結びつけて学習すること。

例 レバーを押すと餌が出る装置にネズミを入れておくと，最初は偶然レバーを押して餌を得るが，さらに餌を得ようと色々な部分に触れ，レバーを押すと餌が出てくることを学習するようになる。

7 知能行動──過去の経験をもとに，未経験のことに対処する行動。

最重要 166

鋭敏化に関与する**チャネル**と**神経伝達物質**を覚えよう！

1 **アメフラシ**（←軟体動物）の**水管**を刺激すると**えら**を引っ込める反射が起こる。**尾部**に強い刺激を与えると，えらへの弱い刺激でもえらを引っ込める反応が**増強する**。⇨ 鋭敏化

2 鋭敏化のしくみ

① 尾部に強い刺激を与えると，尾部からの感覚ニューロンと接続している**介在ニューロン**の末端から**セロトニン**が放出される。
（←神経伝達物質の一種）

② セロトニンが水管からの**感覚ニューロン**の**神経終末**にある受容体と結合する。

③ **cAMP**が生成され，これにより電位依存性K^+チャネルが**不活性化**。

④ K^+の流出が抑制されると，**活動電位の持続時間が長くなる**。

⑤ **電位依存性Ca^{2+}チャネル**の開口時間が長くなり，Ca^{2+}の**流入量が増加**。

⑥ えらの**運動ニューロンへ放出する神経伝達物質の量が増える**。

⑦ 運動ニューロンに生じる**興奮性シナプス後電位が大きくなる**。

⑧ 伝達効率が上昇する。

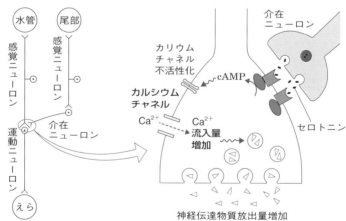

3 シナプスにおける伝達効率が変化することを シナプス可塑性 という。

☐ 1 瞬間的な刺激を1回だけ与えたときに見られる筋収縮を何というか。 ➡ 最重要 158

☐ 2 筋肉を構成している筋細胞を特に何というか。 ➡ 最重要 159

☐ 3 筋肉に興奮が伝えられると，どこからCa^{2+}が放出されるか。 ➡ 最重要 160

☐ 4 筋収縮の際，放出されたCa^{2+}は筋原繊維を構成する何というタンパク質に結合するか。 ➡ 最重要 160

☐ 5 筋収縮が起こってもその長さが変わらないのは暗帯か明帯か。 ➡ 最重要 161

☐ 6 筋肉中に蓄えられていて，素早くATPを再合成するのに用いられるリン酸化合物は何か。 ➡ 最重要 162

☐ 7 張力の大きさが大きいのは，サルコメアの長さが長いときか短いときか。 ➡ 最重要 163

☐ 8 特定の行動を引き起こさせる外界からの刺激を何というか。 ➡ 最重要 164

☐ 9 刷込みは生得的行動か学習か。 ➡ 最重要 165

☐10 試行錯誤により，自身の行動と報酬や罰を結び付けて学習することを何というか。 ➡ 最重要 165

☐11 アメフラシの鋭敏化の際，介在ニューロンの末端から放出される神経伝達物質は何か。 ➡ 最重要 166

☐12 シナプスにおいて，伝達効率が変化することを何というか。 ➡ 最重要 166

解答

1 単収縮	2 筋繊維（筋細胞）	3 筋小胞体	4 トロポニン	5 暗帯
6 クレアチンリン酸	7 短いとき	8 鍵刺激（信号刺激）	9 学習	
10 オペラント条件付け	11 セロトニン	12 シナプス可塑性		

☐ **1** 神経に与える刺激が大きくなると，興奮の大きさも大きくなった。　➡ 最重要 141
これはなぜか。

☐ **2** 神経終末からシナプス間隙に放出された神経伝達物質はその後，　➡ 最重要 143
速やかにシナプス間隙から除かれる。どのようにして除かれるか。
2つの方法を挙げよ。

☐ **3** 暗所において，虹彩による眼に入る光の量の調節のしくみを，関　➡ 最重要 147
与する神経と筋肉を挙げて説明せよ。

☐ **4** 明るい場所から急に暗い場所に入ると，最初はよく見えないがや　➡ 最重要 148
がて見えるようになってくる。見えるようになるしくみを説明せよ。

☐ **5** 近いところを見るときの，毛様体の筋肉，チン小帯，水晶体の変　➡ 最重要 149
化を説明せよ。

☐ **6** 空気の振動が耳に伝わり，音として知覚されるまでの経路を　➡ 最重要 150・151
説明せよ。

☐ **7** 脳幹に含まれる脳を3種類挙げよ。　➡ 最重要 154・155

☐ **8** 筋肉に興奮が伝えられてから，ミオシン頭部がアクチンと結合す　➡ 最重要 160
るまでの経路を説明せよ。

☐ **9** アメフラシにおいて，えらを刺激したときにえらを引っ込めさせ　➡ 最重要 166
る運動ニューロンに生じる興奮性シナプス後電位は，尾部に強い
刺激を与えることで大きくなる。このしくみを次の用語を用いて
説明せよ。
用語：感覚ニューロン　介在ニューロン　運動ニューロン
　　　セロトニン　cAMP　電位依存性カリウムチャネル
　　　電位依存性カルシウムチャネル

解答

1 神経には閾値の異なる多数のニューロンが含まれているので，刺激が大きくなると興奮するニューロンの数が増え，活動電位が発生する頻度も増加するから。

2 ① もとのニューロンに回収される。 ← シナプス前細胞
② 酵素によって分解される。

3 交感神経により虹彩の瞳孔散大筋が収縮し，瞳孔が拡大して眼に入る光の量が増える。

4 視物質であるロドプシンが再合成されてロドプシンの量が増加することで桿体細胞の感度が上がって弱い光でも反応できるようになる。
└── または「閾値が下がり」

5 毛様体の筋肉が収縮し，チン小帯が緩む。その結果水晶体が厚くなり，近くにピントが合うようになる。

6 空気の振動によって鼓膜が振動し，この振動が耳小骨を伝わる際に増幅されてうずまき管のリンパ液の振動に変わる。リンパ液の振動は基底膜を振動させ，これにより聴細胞がおおい膜と接触して興奮する。聴細胞の興奮は聴神経を通じて大脳に伝えられ処理されることで音の感覚が生じる。
└── 聴覚中枢

7 間脳，中脳，延髄

8 筋肉に興奮が伝えられると，筋小胞体からCa^{2+}が放出される。Ca^{2+}がトロポニンと結合すると，トロポミオシンの形が変わってアクチンのミオシン結合部が露出し，ミオシン頭部がアクチンと結合する。

9 尾部に強い刺激を与えると，尾部からの感覚ニューロンと接続している介在ニューロン末端からセロトニンが放出される。セロトニンが水管からの感覚ニューロンの神経終末にある受容体と結合すると，cAMPが生成され，電位依存性カリウムチャネルが不活性化する。K^+の流出が抑制され，活動電位の持続時間が長くなると，電位依存性カルシウムチャネルの開口時間が長くなり，Ca^{2+}の流入量が増える。その結果，えらの運動ニューロンへ放出する神経伝達物質の量が増え，運動ニューロンに生じる興奮性シナプス後電位が大きくなる。

20 植物の生活と植物ホルモン

発芽に関与する**植物ホルモン**と**光受容体**を押さえよう！

← 植物が情報伝達に用いる低分子の有機化合物

1
{ 休眠を維持し，発芽を抑制するのは **アブシシン酸** ←
{ 休眠を打破し，発芽を促すのは **ジベレリン**

授業中眠ると*アブナイ*！と覚えよう。

2 オオムギの発芽におけるジベレリンの働き

① **胚**でつくられたジベレリンが**糊粉層の細胞でアミラーゼ遺伝子の発現を誘導**する。

② 糊粉層から分泌されたアミラーゼが**胚乳中のデンプンを分解**する。

③ 生じた糖が**胚**へ送られ，呼吸基質および新しい細胞の材料として利用されて発芽が起こる。

糊粉層　　胚乳
ジベレリン　アミラーゼ
① ②
③
胚
糖
デンプン→糖

── 休眠の打破に光を必要とする。

3 **光発芽種子**で光を受容するのは **フィトクロム** という**光受容体**。

例 レタス，タバコ

← 赤色光吸収型(Pr型)と遠赤色光吸収型(Pfr型)がある。

解説 Pr型が赤色光を受容するとPfr型に変化し，核内に移動して遺伝子発現を促す。その結果ジベレリンが合成され休眠が打破される。遠赤色光を受容するとPr型に戻る。

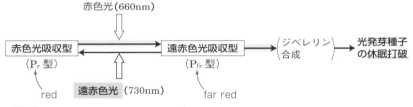

赤色光(660nm)
赤色光吸収型（P_r 型） ← → 遠赤色光吸収型（P_{fr} 型） →（ジベレリン合成）→ 光発芽種子の休眠打破
red　　遠赤色光 (730nm)　　far red

補足 上部に葉が茂っている場所では，赤色光は葉で吸収されてしまうため地表には届かず主に遠赤色光が届くので，フィトクロムは遠赤色光を吸収して赤色光吸収型(Pr型)になる。そのため光発芽種子の発芽は抑制される。上部に葉が茂っているような場所での発芽を抑制することで，発芽後の枯死を防ぐことができる。

芽生えの成長調節に関与する**光受容体**は **フィトクロム**と**クリプトプロム**

1 光が当たったときの芽生えの成長

① { **赤色光**により**フィトクロム**の**遠赤色光吸収型**(Pfr型)が生じる。
青色光を クリプトクロム が受容する。
←—— これも光受容体

② Pfr型のフィトクロムと青色光を受容したクリプトクロムの作用で，**胚軸の伸長成長が抑制**され，茎が太くなる。

2 葉陰での芽生えの成長

① **葉陰では赤色光が少なく**(遠赤色光のほうが多く)，フィトクロムは**赤色光吸収型**(Pr型)になる。
——— 胚軸(⇨最重要180)の部分

② Pfr型による伸長成長抑制が解除され，芽生えの茎は**細長くなる**。これにより光が当たる上方へと素早く茎を伸ばし成長することができる。

補足 ずっと光が当たらないと，いわゆる"もやし"の状態になる。

植物の運動には，**屈性**と**傾性**がある。この2つはまちがえやすいので，**その違い**をキッチリ押さえておこう。

1 屈性 ——刺激の方向に対して**一定方向**に運動する性質。

刺激に { 向かったら正(+)
遠ざかったら負(−)

———→ ある部分の成長の速さが異なるために起こるので，**成長運動**という。

刺激	屈性	例	
光	**光屈性**	茎(+)	根(−)
重力	**重力屈性**	茎(−)	根(+)
接触	**接触屈性**	つる(+)	

補足 このほかにも**水分屈性**(根が+)や，**化学屈性**(花粉管が誘引物質に対して+)がある。

例 **重力屈性**
重力の方向に曲がるほうが正。

茎…負の重力屈性

茎では下側がよく成長する。

根では上側がよく成長する。

根…正の重力屈性

2 傾性 ── 刺激の方向とは関係なく一定方向に運動する性質。

ここが屈性とはちがうところ！

成長運動の場合と膨圧の変化による膨圧運動の場合がある。

刺激	傾性	例
光	光傾性	マツバギクの花
温度	温度傾性	チューリップの花
接触	接触傾性	オジギソウの葉柄

成長運動による。

膨圧運動による。

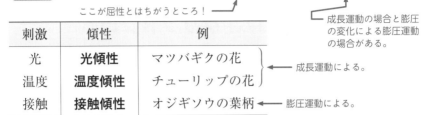

例 温度傾性　閉じるときはこの逆。

温度が高くなると、花弁の内側がよく成長する。

⇩

花は開く

例 接触傾性　膨圧が上がると葉柄が上がる。

接触によって下側の細胞の膨圧が下がる。

⇩

葉柄は下がる

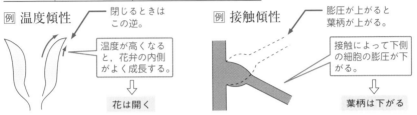

★★★ 最重要 170

成長に関与する植物ホルモン3種類を押さえよう！

セルロース繊維とセルロース繊維の間の結合を切る。

1 オーキシン は細胞壁をゆるめ、吸水を促すことで細胞成長を促進する。

2 ジベレリン はセルロース繊維を水平方向に並べる。
⇨ オーキシン＋ジベレリンで伸長成長が促進される。

縦方向の成長

3 エチレン はセルロース繊維を垂直方向に並べる。
⇨ オーキシン＋エチレンで肥大成長が促進される。

横方向の成長

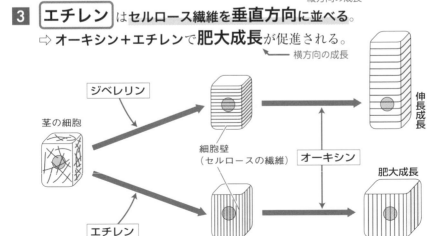

ジベレリン

茎の細胞

細胞壁（セルロースの繊維）

エチレン

オーキシン

伸長成長

肥大成長

★ ★ ★ 最重要 171 光屈性に関与する光受容体は**フォトトロピン**。

主に青色光を受容する光受容体

1 側面から光が当たると フォトトロピン がこれを受容する。

オーキシンを細胞外に出す膜タンパク質

2 **PINタンパク質**の位置が変化し，**オーキシンが陰側に移動**する。

3 オーキシン濃度が高くなった陰側の細胞成長が促進される。

⇨ 茎や幼葉鞘は**正の光屈性**を示す。

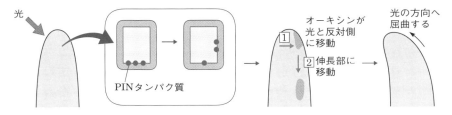

★ ★ ★ 最重要 172 **オーキシン**の特徴と**重力屈性**のしくみは超重要！

1 **オーキシン感受性**が**器官によって異なり**，成長促進の**最適濃度が根では非常に低い。**⇨ **濃すぎると成長を抑制。**

一定の方向性を持つ移動

2 オーキシンは**極性移動**する。

⇨ オーキシンの極性移動には**PINタンパク質**）が関与する。

オーキシン排出輸送体

3 植物体を水平方向に保つと，オーキシンは茎の先端や根冠で**下側へ移動。**

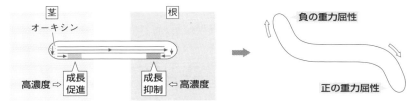

⇨ 茎でも根でも**下側のオーキシン濃度が高く**なる。

⇨ **茎では下側が成長促進，根では下側が成長抑制**に作用する。

⇨ **茎は負の重力屈性，根は正の重力屈性**を示す。

解説 茎では**内皮細胞**，根冠（⇨最重要186）では**コルメラ細胞（平衡細胞）にアミロプラスト**という細胞小器官があり，これが重力方向に位置を変えることで上下を感知する。

最重要
★
★ **173** 気孔は**青色光で開き，水分不足で閉じる。**
★

1 気孔が**開く**しくみ
　　　　　　　　　　　　　　　光屈性（最重要171）にも関与

① フォトトロピン が
青色光を受容する。

② 孔辺細胞内にK^+が**流入**し，
浸透圧が上がる。

③ 孔辺細胞が**吸水**して膨張する（膨圧が上がる）。

④ 孔辺細胞が**湾曲**するように変形し，気孔が開く。
　　　　　　　気孔側の細胞壁のほうが厚いため

閉じた状態　　　光照射　　　開孔
　　　　　　　　⇩
　　　　　フォトトロピン
　　　　　　　　⇩
　　　　吸　水
　　　排　水
　　　　　　　⇧
　　　アブシシン酸
厚い　薄い　　　⇧
　　　　　水不足　　　気孔

2 気孔が**閉じる**しくみ
　　　　　　　　　　　　最重要167でも登場！

① 植物体内の**水分が不足**すると アブシシン酸 が合成される。

② アブシシン酸の作用で孔辺細胞からK^+が**流出**し，浸透圧が下がる。

③ 細胞外に**水が出る**。

④ 孔辺細胞の湾曲がなくなり，気孔が閉じる。

最重要
★
★ **174** 果実の**成長**と**成熟**を混同しないように！
★

　　　　　　　がくや花弁の土台になる部分
1 **子房**が成長すると**果実**となる（イチゴの可食部は**花床**が成長したもの）。
子房や花床の成長を促すのは ジベレリン や オーキシン
　　　最重要167・170　　　　　　　最重要170〜172

2 ジベレリンには 単為結実 を促す作用もある。

解説 単為結実は受精せずに子房が成長すること。種なしブドウの形成に利用される。

3 形成された**果実の成熟**を促すのは エチレン ← 最重要 170・175 にも登場！

└── 果肉が柔らかくなり糖度が増し，果皮が変色する。

最重要 175

落葉には**エチレン**と**オーキシン**が**拮抗的**に作用する。

1 落葉・落果のしくみ

エチレン ⇨ 離層形成**促進**

⇨ 落葉・落果**促進**

2 落葉・落果の抑制

オーキシン ⇨ 離層形成**抑制** ⇨ 落葉・落果**抑制**

側芽　維管束

葉柄

離層 ── エチレンが促進，オーキシンが抑制

細胞壁が弱い。

最重要 176

植物の一生と関与する**植物ホルモン**と**光受容体**をまとめよう！

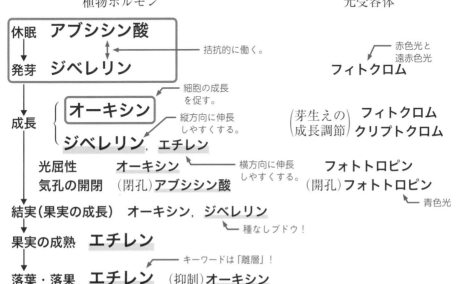

植物ホルモン

休眠	アブシシン酸
↓ 発芽	ジベレリン

── 拮抗的に働く。

| 成長 | オーキシン ── 細胞の成長を促す。 |
| | ジベレリン ── 縦方向に伸長しやすくする。　エチレン |

光屈性　オーキシン ── 横方向に伸長しやすくする。

気孔の開閉　（閉孔）アブシシン酸

結実（果実の成長）　オーキシン，ジベレリン

└── 種なしブドウ！

果実の成熟　エチレン

└── キーワードは「離層」！

落葉・落果　エチレン　（抑制）オーキシン

光受容体

── 赤色光と遠赤色光

フィトクロム

（芽生えの成長調節）フィトクロム　クリプトクロム

フォトトロピン

（開孔）フォトトロピン

└── 青色光

☐ 1 休眠を維持し，発芽を抑制する働きのある植物ホルモンは何か。 ➡ 最重要 167

☐ 2 赤色及び遠赤色光を受容する植物の光受容体は何か。 ➡ 最重要 167

☐ 3 青色光を受容し，胚軸の伸長成長を抑制する働きのある光受容体は何か。 ➡ 最重要 168

☐ 4 刺激の方向とは関係なく一定方向に運動する植物の性質を何というか。 ➡ 最重要 169

☐ 5 細胞壁のセルロース繊維を水平方向にし，伸長成長を促進する働きのある植物ホルモンは何か。 ➡ 最重要 170

☐ 6 青色光を受容し，光屈性に関与する光受容体は何か。 ➡ 最重要 171

☐ 7 オーキシンの極性移動に関与する，オーキシン排出輸送体は何というタンパク質か。 ➡ 最重要 171・172

☐ 8 植物体内の水分が不足すると合成され気孔を閉じる働きを持つ植物ホルモンは何か。 ➡ 最重要 173

☐ 9 単為結実を促す働きのある植物ホルモンは何か。 ➡ 最重要 174

☐10 離層形成を促進し，落果・落葉を促す植物ホルモンは何か。 ➡ 最重要 175

☐11 休眠や発芽において，アブシシン酸と拮抗的に作用する植物ホルモンは何か。 ➡ 最重要 167・176

☐12 離層形成や落果落葉において，エチレンと拮抗的に作用する植物ホルモンは何か。 ➡ 最重要 175・176

解答

1アブシシン酸	2フィトクロム	3クリプトクロム	4傾性
5ジベレリン	6フォトトロピン	7PINタンパク質	8アブシシン酸
9ジベレリン	10エチレン	11ジベレリン	12オーキシン

21 植物の配偶子形成と受精

★ ★ ★ 最重要 **177**

被子植物の**配偶子形成**は,
まず, **図であらすじを押さえる。**

1 精細胞——**減数分裂**後, さらに **2回の体細胞分裂**で生じる。

> 核相 n の細胞の細胞分裂なので
> 体細胞分裂と呼ばない場合もある。

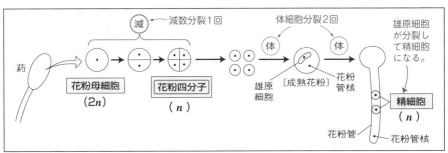

2 卵細胞

胚のう母細胞 ⟶ 胚のう~~母~~細胞 ⟶ 胚のう細胞 ~~と~~,
だんだん身軽になってできる。　　——消していく。

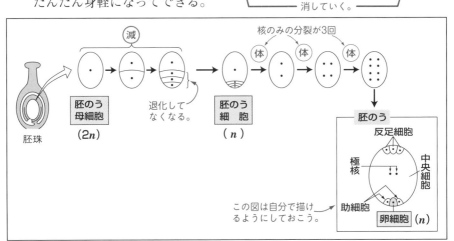

> この図は自分で描け
> るようにしておこう。

補足　胚のうは8個の核(7個の細胞)からなる。中央細胞には2つの核(極核)がある。

★
★ **最重要**
★ **178** 減数分裂の**場所・時期**, 核分裂の**回数**が問われる。

1 **減数分裂の場所と時期**──おしべ側とめしべ側で区別して覚えておく。

おしべ側…**葯**(やく)の中で, **花粉四分子を形成するとき**に起こる。

めしべ側…**胚珠**(はいしゅ)の中で, **胚のう細胞を形成するとき**に起こる。

　　　　　　└── 漢字もしっかり覚えておこう。

2 **核分裂の回数**──**減数分裂では核分裂が 2 回起きている**点がミソ。

おしべ側…花粉母細胞から精細胞ができるまでに **4 回** の核分裂。

解説 減数分裂で 2 回, 雄原細胞ができるときに 1 回, 精細胞ができるときに 1 回分裂。

めしべ側…胚のう母細胞から胚のうができるまでに **5 回** の核分裂。

解説 減数分裂で 2 回, その後**胚のう細胞から胚のうができるまでに 3 回分裂**。

　　　　　　　　　　　　　　　　└── これもよく問われる。

★
★ **最重要**
★ **179** **重複受精**の特徴は**必ず出る!**

1 重複受精を行うのは **被子植物のみ** 。

　　　　　　　└── 単子葉類と双子葉類に分けられる。

2 **精細胞＋卵細胞** の受精

精細胞＋中央細胞 の受精

の 2 つが同時に行われる。

　　　　└── 重複受精というのはそのため。

3 精細胞(n)＋卵細胞(n)からは **受精卵** ($2n$)

精細胞(n)＋中央細胞(n, n)からは **胚乳細胞** ($3n$)

が生じる。

　　極核が
　　2 つある。

補足 花粉管は**助細胞**から放出される誘引物質(**ルアー**というタンパク質)に誘引されて助細胞のうちの 1 つに進入する。ここで花粉管から 2 個の精細胞が放出され, 助細胞の外に出て, 1 つが卵細胞と合体し, もう 1 つが中央細胞と合体する。

170　　第 5 章　植物の環境応答

最重要 180 植物の発生では**どの部分が何になるか**が重要。

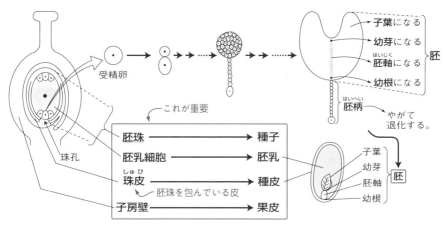

受精卵

子葉になる
幼芽になる
胚軸(はいじく)になる ┐胚
幼根になる

胚柄(はいへい)
やがて
退化する。

これが重要

胚珠	→	種子
胚乳細胞	→	胚乳
珠皮(しゅひ)	→	種皮
子房壁	→	果皮

└ 胚珠を包んでいる皮

珠孔

子葉
幼芽
胚軸
幼根

胚

補足 花粉管が進入する入り口になるのが**珠孔**。この珠孔側に卵細胞がある。

最重要 181 ふつうは**胚乳**に栄養分を蓄えるが，胚乳ではなく
子葉に栄養分を蓄える種子もある。

1 **子葉**に栄養分を蓄える種子では胚乳が発達せず，胚乳を持たない種子
となる。これを 無胚乳種子 という。

ペンペングサとも呼ばれる身近な野草

2 無胚乳種子——**マメ，クリ，アサガオ，ナズナ，アブラナ**

エンドウ，ソラマメ，ダイズなど

ナタネ油
をとる

の５つを覚えておけばOK！

裸子植物についても次の2点を押さえておこう。

1 裸子植物のうち，**イチョウ，ソテツ**は，雄の配偶子として
　　$\boxed{\text{精子を形成}}$ する。

受精は行われない。

2 裸子植物の**胚乳の染色体数**は，$2n$でも$3n$でもなくnである。

解説 **裸子植物**では重複受精は行われず，卵細胞だけが受精し，胚乳は受精によらず形成
される。胚のう細胞が分裂して多数の細胞からなる胚のうとなり，ここに胚乳が形
成される。したがって裸子植物の胚乳は胚のう細胞と同じく染色体数が**$\underline{n}$本**の細胞か
らなる。

植物の生活環の一般形をマスターしよう。

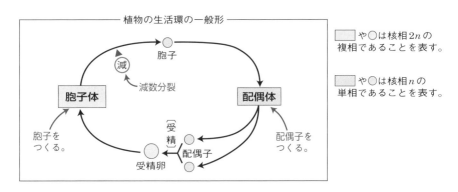

解説 $\boxed{\text{胞子}}$ を形成する多細胞のからだを$\boxed{\text{胞子体}}$といい，$\boxed{\text{配偶子}}$を形成する多細胞のか
らだを$\boxed{\text{配偶体}}$という。胞子が体細胞分裂を行うと配偶体に，受精卵が体細胞分裂を
行うと胞子体になる。動物の場合とは異なり，減数分裂ではなく体細胞分裂によっ
て配偶子が形成される。植物では胞子を形成するときに減数分裂が行われる。した
がって，植物では**減数分裂の結果できた細胞が胞子に相当する**といえる。

シダ植物・コケ植物・被子植物の3つの生活環は必ずマスターしておくこと。

1 シダ植物の生活環──本体は 胞子体 。

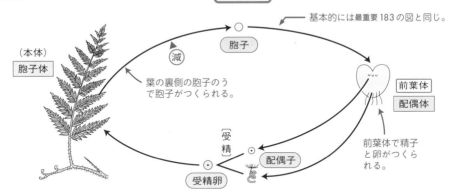

基本的には最重要183の図と同じ。

（本体）
胞子体

減

胞子

葉の裏側の胞子のう
で胞子がつくられる。

前葉体
配偶体

前葉体で精子
と卵がつくら
れる。

受精

受精卵

配偶子

解説 シダ植物では，ふつう目にする**目立っているからだ（本体）が胞子体**で，葉の裏側にある胞子のうの中で減数分裂により胞子がつくられる。胞子が発芽して，配偶体である**前葉体**となる。
└── 数mm程度のハート形をしている。

2 コケ植物の生活環──本体は 配偶体 。

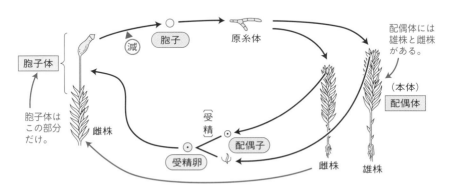

減

胞子

原糸体

配偶体には
雄株と雌株が
ある。

胞子体

胞子体は
この部分
だけ。

雌株

受精

配偶子

（本体）
配偶体

受精卵

雌株

雄株

解説 コケ植物では，ふつう目にするからだ（本体）は配偶体で，雄株と雌株の区別がある。雄株でつくられた精子が雌株の卵のところへ泳いで行って受精し，そこで発生して**胞子体**となる。そのため，**コケ植物の胞子体は雌株に寄生して生活している**。

3 被子植物の生活環── 本体は 胞子体 。

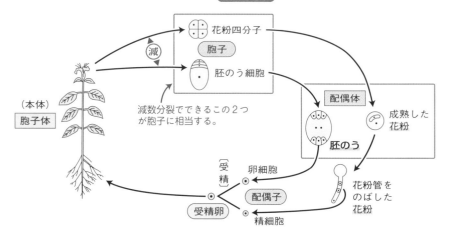

（本体）
胞子体

花粉四分子
胞子

（減）

胚のう細胞

減数分裂でできるこの2つが胞子に相当する。

配偶体

成熟した花粉

胚のう

花粉管をのばした花粉

（受精）
卵細胞

配偶子

受精卵

精細胞

解説 被子植物では，**胚のう細胞**や**花粉四分子**が減数分裂の結果生じるので，これらが**胞子に相当する**。胞子に相当するものが発達して配偶体になるので，**胚のうや成熟した花粉は配偶体に相当**する。

よく出る。

最重要
185

胞子体と配偶体の関係には注意が必要。

シダ・コケ・被子植物でそれぞれちがう。

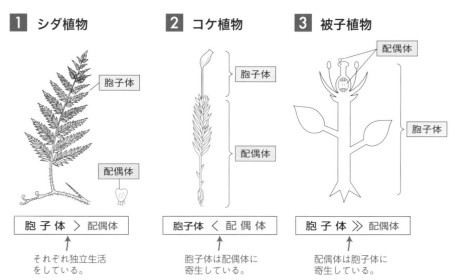

1 シダ植物

胞子体

配偶体

胞子体 ＞ 配偶体

それぞれ独立生活をしている。

2 コケ植物

胞子体

配偶体

胞子体 ＜ 配偶体

胞子体は配偶体に寄生している。

3 被子植物

配偶体

胞子体

胞子体 ≫ 配偶体

配偶体は胞子体に寄生している。

□ 1 被子植物において，花粉四分子の細胞の体細胞分裂で生じた2つの細胞のうち小さいほうの細胞は何というか。 ➡ 最重要 177

□ 2 被子植物において，胚のう母細胞の減数分裂で生じた4つの細胞のうち3個が退化して，残った細胞は何というか。 ➡ 最重要 177

□ 3 被子植物において，胚のう母細胞から胚のうが形成されるまで何回核が分裂するか。 ➡ 最重要 177・178

□ 4 被子植物の重複受精で2つの精細胞と受精する細胞は何と何か。 ➡ 最重要 179

□ 5 被子植物において，種子は花のどの部分が変化してできるか。 ➡ 最重要 180

□ 6 無胚乳種子は，栄養分をどこに蓄えているか。 ➡ 最重要 181

□ 7 雄性配偶子として精子を形成する裸子植物を2種類挙げよ。 ➡ 最重要 182

□ 8 一般的な植物の生活環において，受精卵から生じた多細胞のからだは胞子体か配偶体か。 ➡ 最重要 183

□ 9 シダ植物の配偶体を特に何というか。 ➡ 最重要 184

□10 被子植物において，配偶体に相当するのは何と何か。 ➡ 最重要 184

□11 シダ植物とコケ植物と被子植物の中で，胞子体と配偶体がそれぞれ独立生活しているのはどれか。 ➡ 最重要 184・185

解答

1 雄原細胞　　2 胚のう細胞　　3 5回　　4 卵細胞と中央細胞　　5 胚珠
6 子葉　　7 イチョウ，ソテツ　　8 胞子体　　9 前葉体
10 成熟した花粉と胚のう　　11 シダ植物

22 植物の器官形成と花芽形成

植物の器官についてまず押さえよう！

1
- **栄養器官** —— 根・茎・葉などの器官
- **生殖器官** —— 花のように有性生殖を行うための器官

2 植物が成長する際の細胞分裂が起こっている組織を**分裂組織**といい，**頂端分裂組織**と**形成層**がある。

頂端分裂組織
- **茎頂**分裂組織　茎の先端で側芽や葉芽，花芽を形成。
- **根端**分裂組織　根の先端にある。◀── 根冠で保護されている。

形成層 —— 茎や根の木部と師部の間にある。
└── 肥大成長に関与。　　　　　　　　　　　　　コケ植物にはない！

3 シダ植物・裸子植物・被子植物の茎や根には **維管束** がある。

① 維管束は**木部**と**師部**からなる。◀── 両者の間に形成層を持つ場合もある。

② **木部**には根で吸収した水や無機塩類の通路である**道管**や**仮道管**がある。
　　　　　　　　　　　　　　　　　　被子植物 ◀──　└ 裸子植物 シダ植物

③ **師部**には葉で合成された物質の通路である**師管**がある。
　　　　　　　　　　└─ スクロース，フロリゲンなど

④ **形成層**は被子植物の**双子葉類**と**裸子植物**（⇨ p.43）にだけある。

4 被子植物双子葉類の茎の断面の模式図

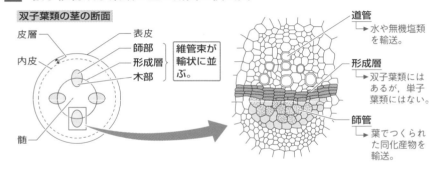

双子葉類の茎の断面

皮層　　　表皮
　　　　　師部
内皮　　　形成層　　維管束が輪状に並ぶ。
　　　　　木部

髄

道管
└→水や無機塩類を輸送。

形成層
└→双子葉類にはあるが，単子葉類にはない。

師管
└→葉でつくられた同化産物を輸送。

葉のつくり

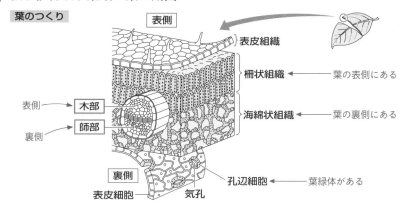

表側

表皮組織

柵状組織 ← 葉の表側にある

海綿状組織 ← 葉の裏側にある

表側 → 木部
裏側 → 師部

裏側

孔辺細胞 ← 葉緑体がある

表皮細胞　気孔

★
★ 最重要
★ **187**

葉芽から花芽への切り替えは，
栄養成長から生殖成長への切り替え。

1
栄養成長── 栄養器官を形成する成長。 ── 茎や根を伸ばし，葉芽を形成して葉をつける。

生殖成長── 生殖器官の形成を伴う成長。 ── 花芽を形成し，花を咲かせて種子をつくる。

2 日長の変化に反応する性質を 光周性 といい，多くの場合は日長の変化を感知して，葉芽ではなく花芽を形成するようになる。

3 光周性により花芽形成を行う植物は次の2タイプに大別される。
実際には日長の長さではなく**連続した暗期の長さ**が関与する！

① 長日 植物── **連続暗期が一定時間以下で花芽形成を行う植物**
　　　　　　── この時間を限界暗期という。
　例 アブラナ，ホウレンソウ，コムギ ← 特に重要！
　　　アヤメ，ダイコン，カーネーション，ナズナ

② 短日 植物── **連続暗期が一定時間以上で花芽形成を行う植物**
　例 オナモミ，アサガオ，ダイズ，タバコ，キク，イネ
　　　── 特に重要！

4 日長変化とは関係なく花芽形成を行う 中性 植物もある。
　例 トマト，トウモロコシ，エンドウ，セイヨウタンポポ，キュウリ，
　　　ナス，ソバ
　　　── 特に重要！

長日・短日植物の花芽形成では，実験問題がよく出る！次の2つのポイントが問題を解くカギ!!

1 連続した暗期の長さが花芽形成の有無を決定する。

例 限界暗期が11時間の短日植物の花芽形成の有無

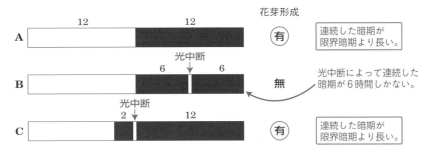

2 光中断の効果が高いのは フィトクロム に吸収される 赤色光。

その効果は 遠赤色光 に打ち消される（⇨最重要167）。

例 限界暗期が11時間の短日植物の花芽形成の有無

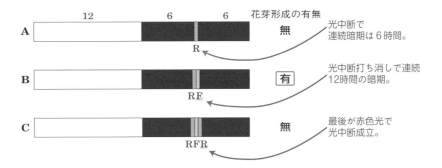

★
★★
★

フロリゲンの正体は**FTタンパク質**(シロイヌナズナ)や**Hd3aタンパク質**(イネ)。

1 葉で*FT*遺伝子，*Hd3a*遺伝子が発現し，**FTタンパク質**や**Hd3a タンパク質**が生成される。

> 補足 フロリゲンは花成ホルモンとも呼ばれるが，タンパク質であるため教科書では植物ホルモン(低分子の生理活性物質)には含めない。

2 これらのタンパク質が**師管を通って茎頂に運ばれる**。

3 運ばれたタンパク質が，**茎頂分裂組織の細胞内で**別のタンパク質と結合して**複合体**を形成する。

4 この複合体が**花芽形成に必要な遺伝子の発現**を促し，花芽形成が開始される。

★
★

花芽の分化には，**日長だけでなく温度が影響する**場合がある。春化処理を覚えておけばよい。

● 春化処理 ── 人工的に低温処理して花芽形成を促すこと。

> 解説 秋に種子をまいて次の年の春に開花する秋まきコムギは長日植物だが，長日条件だけでは花芽を形成せず，冬の低温を感知することも必要である。春に，秋まきコムギを発芽させ，一定期間低温のもとにおいてから育てた苗は，冬を経なくても開花する。このように，一定の低温状態を経験することで花芽形成が促進される現象を**春化**という。

花器官の形成に関与する **3 種類**の**遺伝子**の作用のしかたをマスターしよう！

1 **ABCモデル**──花器官の形成にはA，B，Cという 3 つのクラスに分けられる**調節遺伝子**(ホメオティック遺伝子)が関与する。

2 発現する遺伝子と花の構造の関係を覚えよ！

部位	発現する遺伝子	形成される構造	
Ⅰ	遺伝子 A のみ	がく	外側
Ⅱ	遺伝子 A と B ----→ 花弁		
Ⅲ	遺伝子 B と C --→ おしべ		
Ⅳ	遺伝子 C のみ	めしべ	中心

補足 遺伝子Bが単独で働くことがない点にも注目(がくから花弁を，めしべからおしべを分化させる)。

3 遺伝子AとCは同時には発現せず，一方が発現するともう片方は発現しない。一方が発現しないときは他方が代わりに発現する。

例 遺伝子A欠損型の変異体の場合

部位	発現する遺伝子	形成される構造
Ⅰ	遺伝子C ←―― 遺伝子Aの代わり	めしべ
Ⅱ	遺伝子Bと遺伝子C	おしべ
Ⅲ	遺伝子BとC	おしべ
Ⅳ	遺伝子Cのみ	めしべ

遺伝子を 1 つ欠いたときどのような構造ができるか問われる。

4 **クラスA～Cのすべてが機能しない場合は花芽は形成されず，葉芽が形成される。**⇨ 花芽は，本来葉芽になる領域

☐ 1 植物の組織で，肥大成長に関与する分裂組織を何というか。 ➡ 最重要 186

☐ 2 木部や師部からなる構造で，コケ植物以外の植物に共通して見られる構造は何か。 ➡ 最重要 186

☐ 3 根端分裂組織のさらに先端にあり，分裂組織の保護や重力感知に関与する構造を何というか。 ➡ 最重要 186

☐ 4 根・茎・葉などの栄養器官を形成する成長を何というか。 ➡ 最重要 187

☐ 5 生物が日長の変化に反応する性質を何というか。 ➡ 最重要 187

☐ 6 連続暗期が限界暗期以下で花芽形成する植物を何というか。 ➡ 最重要 187

☐ 7 次の中から 6 をすべて選べ。
ア アブラナ　**イ** ナズナ　**ウ** オナモミ
エ アサガオ　**オ** トマト ➡ 最重要 187

☐ 8 暗期の途中で短時間の光照射を行う操作を何というか。 ➡ 最重要 188

☐ 9 フロリゲンの正体はシロイヌナズナでは何というタンパク質か。 ➡ 最重要 189

☐ 10 一定の低温状態を経験することで花芽形成が促進される現象を何というか。 ➡ 最重要 190

☐ 11 花器官の形成における ABC モデルにおいて，クラス A とクラス B の遺伝子群が発現した部位に形成される花器官は，がく，花弁，おしべ，めしべのうちのどれか。 ➡ 最重要 191

☐ 12 ABC モデルにおいて，クラス A ～ C のすべてが機能しない場合は何が形成されるか ➡ 最重要 191

解答

1 形成層　　2 維管束　　3 根冠　　4 栄養成長　　5 光周性　　6 長日植物

7 ア，イ　　8 光中断　　9 FT タンパク質　　10 春化　　11 花弁

12 葉芽

□ **1** オオムギの種子の発芽において，ジベレリンの作用により最終的にデンプンが分解されるまでの過程を説明せよ。　➡ 最重要 167

□ **2** ジベレリンとオーキシンの作用で植物細胞の伸長成長が促進されるしくみを次の用語を用いて説明せよ。　➡ 最重要 170
用語：細胞壁　吸水　セルロース繊維

□ **3** 暗所で植物体を水平方向に保つと，茎でも根でも下側（重力側）のオーキシン濃度が高くなる。しかし茎は負の重力屈性，根は正の重力屈性を示す。このしくみを説明せよ。　➡ 最重要 172

□ **4** 青色光を照射すると気孔が開く。このしくみを，関与する光受容体や移動するイオンを挙げて説明せよ。　➡ 最重要 173

□ **5** 被子植物において，花粉母細胞から精細胞ができるまでの過程を説明せよ。　➡ 最重要 177

□ **6** 被子植物において，胚のう母細胞から胚のうができるまでの過程を説明せよ。　➡ 最重要 177

□ **7** 被子植物における重複受精ではそれぞれどのような受精が行われるか説明せよ。　➡ 最重要 179

□ **8** 葉で合成されたフロリゲンが茎頂で花芽形成を促すまでの過程を説明せよ。　➡ 最重要 189

□ **9** ABCモデルにおいて，クラスA〜クラスCのどの遺伝子が発現することでがく・花弁・おしべ・めしべが形成されるか説明せよ。　➡ 最重要 191

解答

1 胚でつくられた<u>ジベレリン</u>は糊粉層の細胞のアミラーゼ遺伝子の発現を誘導する。生じたアミラーゼが胚乳中のデンプンを分解する。

2 ジベレリンにより<u>細胞壁</u>に含まれる<u>セルロース繊維</u>が水平方向に並ぶようになる。オーキシンによりセルロース繊維とセルロース繊維の間の結合が切れ，細胞壁が緩められ，その後<u>吸水</u>により，縦方向の伸長成長が促進される。

3 オーキシンの感受性は器官によって異なり，成長促進の最適濃度が茎と比べて根では非常に低く，濃すぎると成長抑制に作用する。そのためオーキシン濃度が高い下側が茎では成長促進に，根では成長抑制に作用する。

4 青色光をフォトトロピンが受容すると，孔辺細胞内にカリウムイオンが流入して浸透圧が上昇する。そのため孔辺細胞が吸水する。孔辺細胞は気孔側の細胞壁が厚いため，吸水して膨張すると，孔辺細胞が湾曲するように変形し，気孔が開く。

⎯⎯ K^+

5 <u>花粉母細胞</u>が減数分裂によって4個の細胞を持つ花粉四分子となる。花粉四分子の各細胞が体細胞分裂を行い，花粉管細胞内に雄原細胞を持つ花粉となる。このうち雄原細胞が体細胞分裂を行い2個の<u>精細胞</u>となる。

6 胚のう母細胞が減数分裂を行い4個の細胞となるが3個は退化し，残った細胞が胚のう細胞となる。胚のう細胞の核は3回核分裂を行い8個の核となるが，やがて細胞質分裂が行われ，7個の細胞からなる<u>胚のう</u>となる。

7 2つの精細胞のうち1つが卵細胞と受精して受精卵になる。もう1つの精細胞は2つの極核を持つ中央細胞と受精して胚乳細胞となる。

⎯⎯ 核相 $3n$

8 葉で合成された<u>フロリゲン</u>は師管を通って茎頂に運ばれる。茎頂の細胞内で別のタンパク質と結合して複合体を形成し，この複合体が花芽形成に必要な遺伝子の発現を促すことで花芽形成が開始される。

9 クラス A 遺伝子のみが発現している領域ではがく，クラス A と B が発現している領域では花弁，クラス B と C が発現している領域ではおしべ，クラス C のみが発現している領域ではめしべがそれぞれ形成される。

23 ▸ 個体群

最重要
★★★
192

個体群の成長曲線では，曲線の形とそのような曲線になる**ワケ**を押さえておこう。

1 成長曲線は **S字形** の曲線 。

└── ロジスティック曲線という。

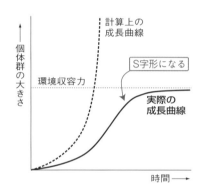

2 成長曲線がS字形になる理由

⇨ 次の3つの要因によって，**個体群の成長**(個体数増加)が抑えられるから。

① **食べ物の不足**

② **生活空間の不足**

③ **排出物の蓄積** などによる環境の悪化

解説 同種の生物集団を **個体群** といい，単位空間あたりの個体数を**個体群密度**という。個体群の成長を抑える上のような原因がまったくない場合，個体群は**等比級数的**に大きくなる(上図の点線)。しかし，実際には個体群の成長は抑えられ，ある一定の大きさ(これを **環境収容力** という)で平衡を保つようになる。

標識再捕法は，その計算方法と個体数が推定される条件を押さえておこう。

$$全個体数(N) = \boxed{\begin{array}{c}最初に捕獲して標識\\して放した個体数(n)\end{array}} \times \frac{再捕獲個体数(M)}{再捕獲\boxed{標識}個体数(m)}$$

例題 標識再捕法による個体数の推定

　ある草原にわなをしかけ，ノネズミを15匹捕まえた。これらに標識をつけてからもとの草原に放した。1週間後，再びわなをしかけると，12匹が捕まり，この中で標識のついた個体は2匹いた。この草原のノネズミは何匹と推定されるか。ただし，この草原のノネズミは他の地域との間に出入りはなく，調査期間にノネズミの個体数は変動しなかったものとする。

解説 求める個体数をN，最初の標識個体数をn，2回目の捕獲数をM，2回目の標識個体数をmとすると，もともと$\frac{n}{N}$に標識をつけたので，再度捕獲した場合も同じ割合で標識個体が混ざっているはずである。

　すなわち，次の式が成り立つ。

$$\boxed{\frac{n}{N} = \frac{m}{M}}$$

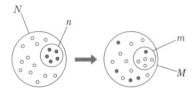

よって，$\frac{15}{N} = \frac{2}{12}$

∴ $N = 90$

答 **90匹**

ただし，この方法で個体数が推定されるためには，次の条件が必要である

---

① 標識個体と非標識個体で，**死亡率や捕獲率に差が生じない**こと。

② 標識個体が，もとの集団内に **ランダムに分散** すること。
　　　　　　　　　　　　　　　　　　　　　　→ 移動能力の乏しい
　　　　　　　　　　　　　　　　　　　　　　　動物ではダメ。

③ 他の集団との間に**移出・移入がない**こと。

④ 調査期間に**個体数の変動がない**こと。

補足 個体の移出・移入が見られる個体群が複数ある場合，これらの集合を**メタ個体群**という。この場合，各個体群の個体数が大きく変動してもメタ個体群として見れば比較的安定していることが多い。

密度の違いによる生物への影響を 密度効果 という。
最もよく出る例は**バッタの相変異**の例だ！

← 密度効果によって，形態や行動
様式に著しい違いが生じること。

● **アフリカワタリバッタの相変異**

低密度で育った個体	…	孤独相

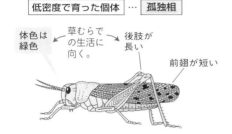

体色は
緑色

草むらで
の生活に
向く。

後肢が
長い

前翅が短い

高密度で育った個体	…	群生相

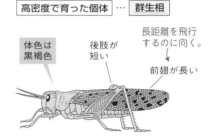

体色は
黒褐色

後肢が
短い

長距離を飛行
するのに向く。

前翅が長い

最終収量一定の法則の**グラフ**を**理解しよう。**

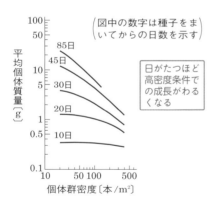

平均個体質量〔g〕

図中の数字は種子をまいてからの日数を示す

日がたつほど
高密度条件で
の成長がわる
くなる

個体群密度〔本/m²〕

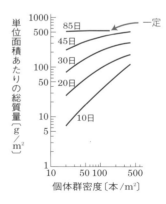

単位面積あたりの総質量〔g/m²〕

一定

個体群密度〔本/m²〕

解説 いろいろな個体群密度で栽培したダイズの1個体あたりと単位面積あたりの個体群
全体の質量のグラフ。個体群密度が高いほど個体数は多いが，葉の重なりあいによ
って1つ1つの個体が光合成に使える光が少なくなり生育がわるくなるので，**最終
的には個体群密度の高い個体群も低い個体群も単位面積あたりの総質量はほぼ同じ
になる。**

生存曲線の3タイプの特徴と例を
押さえておこう。

1 生存曲線

晩死型…産卵(子)数が少なく,

親が子を保護するから。

初期の死亡率が低い。

例 ヒト,大型哺乳類,
ミツバチ

平均型…発育の全過程にわたり,

数ではない。

死亡率がほぼ一定。

例 鳥類,爬虫類 **ヒドラ**

よく出る！

早死型…産卵数が極めて多く,**初期の死亡率が非常に高い**。

例 魚類,貝類(カキ)

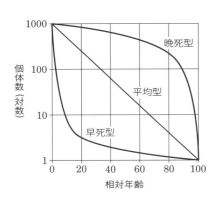

解説 同世代の個体が,出生後に減少する過程をまとめた表を **生命表** という。生命表の中の生存数の変化を示したグラフが生存曲線。同時期に生まれた同世代の個体数を **1000個体** に換算し,縦軸の個体数はふつう対数目盛り（1・10・100・1000）で表す。

2 年齢ピラミッド

個体群を構成する個体の各齢における個体数の分布を **齢構成** といい,

各齢ごとの個体数を積み重ねて図示したものを **年齢ピラミッド**

という。

この2つの用語を覚えておけばよい。

解説 幼若型は将来個体数が増加し,老齢型(老衰型)は将来個体数が減少すると予想される。

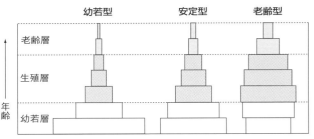

個体群内の相互作用については，それぞれどのような利点や目的があるかを理解しよう。

1 **群れ**——同種の個体どうしが集まり，統一的な行動をとるような集団。

〔利点〕

① **食物の確保**が容易になる。

② **外敵に対する警戒や対応**が容易になる。

③ **配偶者**を得やすい。

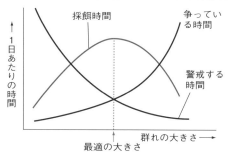

解説 群れが大きくなると，利点はより大きくなるが，**食物や生活空間**をめぐる群れ内での争い（**種内競争**）が増えるので，結果的に採餌時間を最大にするような大きさの群れが形成される。

2 **縄張り**（**テリトリー**）——生活空間を分割して占有すること。次のような目的で縄張り内に同種の他個体が侵入すると排除しようとする。

① **えさの確保** 例 アユ

川底の石についた藻類を食べる。アユの友釣りはこの習性を利用。

② **配偶者や繁殖地**の確保

例 イトヨ，鳥類

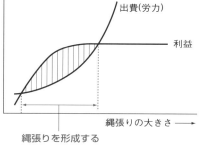

解説 縄張りが大きくなったり，生息密度が高くなったりすると，**縄張りの防衛に割かれる時間**が増え，その出費が縄張りを持つことによる利益を上回ると，縄張りは解消される。

3 **社会性昆虫**——集団生活において明確な分業が見られる昆虫。

例 ミツバチ…① **女王バチ**（核相$2n$；産卵のみ），② **雄バチ**（核相n；繁殖行動のみ），③ **働きバチ**（核相$2n$；花蜜・花粉の収集，幼虫の世話，巣の防衛）

└── ワーカーと呼ばれる。

4 **ヘルパー**——親の育児を助ける個体。鳥類や哺乳類で見られる。

親以外も協力して子育てに関与する繁殖様式を **共同繁殖** という。

解説 自分自身の子を育てなくても妹や弟を育てることで自分のゲノムに近い遺伝子を増やすことができる。

★★★ 最重要 198

血縁度の計算と関連する重要用語ベスト4を覚えよ！

1 血縁度 —— 共通する祖先に由来する個体間で，特定の遺伝子をともに持つ確率。

2 適応度 —— 自分の子をどれだけ残せたかを表す尺度。ある個体が一生で産む子のうち繁殖可能な年齢になるまで成長した個体数で表す。

3 包括適応度 —— 直接の子だけでなく，自らと共通した遺伝子を持つ個体の数まで考慮した適応度。

4 利他行動 —— 自己の不利益にも関わらず**他者の利益となる行動**。
ワーカーやヘルパーが行うのは利他行動 ——↑

例題 血縁度

下図1，2はヒトとミツバチの家系を模式的に示したものである。

図1　母 ——┬—— 父　　　図2　女王バチ ——┬—— 雄バチ
　　　　 ┌──┴──┐　　　　　　　　 ┌────┴────┐
　　　　 姉　　妹　　　　　　　ワーカーα　ワーカーβ

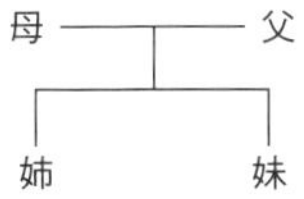

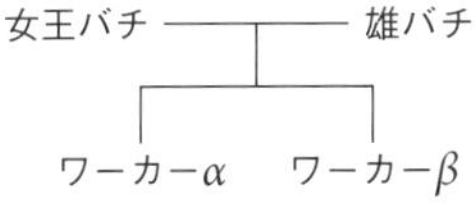

(1) ヒトにおける姉妹間の血縁度を分数で答えよ。

(2) ミツバチにおけるワーカー間の血縁度を分数で答えよ。

解説 (1) 姉が持つある遺伝子が母親由来である確率は $\frac{1}{2}$。母がその遺伝子を妹に伝える確率は $\frac{1}{2}$。よって姉が持つある遺伝子が母由来で妹と共通している確率は $\frac{1}{2} \times \frac{1}{2} = \frac{1}{4}$。

この遺伝子が父親由来である確率は $\frac{1}{2}$，父がその遺伝子を妹に伝える確率は $\frac{1}{2}$ なので，父由来でこの遺伝子が共通する確率は $\frac{1}{2} \times \frac{1}{2} = \frac{1}{4}$。

よって，姉妹間での血縁度は $\frac{1}{4} + \frac{1}{4} = \mathbf{\frac{1}{2}}$ となる。

(2) ワーカーαが持つ遺伝子が女王バチ由来である確率は $\frac{1}{2}$。女王バチがその遺伝子をワーカーβに伝える確率は $\frac{1}{2}$。よってワーカーαが持つある遺伝子が女王バチ由来でワーカーβと共通する確率は $\frac{1}{2} \times \frac{1}{2} = \frac{1}{4}$。

この遺伝子が雄バチ由来である確率は$\dfrac{1}{2}$。ミツバチでは雄バチは単相なので，雄バチがこの遺伝子を持っているのであれば必ずワーカーβに伝えられることになる。よってワーカーαが持つある遺伝子が雄バチ由来でワーカーβと共通する確率は　$\dfrac{1}{2} \times 1 = \dfrac{1}{2}$。

よってワーカー間での血縁度は　$\dfrac{1}{4} + \dfrac{1}{2} = \dfrac{3}{4}$となる。

このように雄親が半数体の場合，両親とも二倍体の場合よりも姉妹間の血縁度が高くなる。

答 (1) $\dfrac{1}{2}$　　(2) $\dfrac{3}{4}$

個体群間の相互作用についてはグラフとともに出題されることが多い。次のグラフを理解しておこう。

1 種間競争 — 生態的地位（ニッチ）が類似していると，種が異なっていても，食べ物や生活空間をめぐって競争が起こり，その結果，一方の種が著しく個体数を減少させる。これを**競争的排除**という。

例 ゾウリムシとヒメゾウリムシの混合飼育

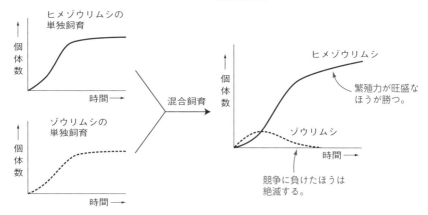

補足 **ニッチ**は，各生物が生態系の中で占める位置（必要とする資源とその利用など）。単独で分布する場合のニッチを**基本ニッチ**，他の種との競争の結果両種が共存した場合のニッチを**実現ニッチ**という。このように同所的に生息している生物の形質が自然選択によって変化する現象を形質置換という。

2 **被食者―捕食者相互関係**――飼育条件下と自然界での違いに注目。

① ゾウリムシ(被食者)とミズケムシ(捕食者)の混合飼育

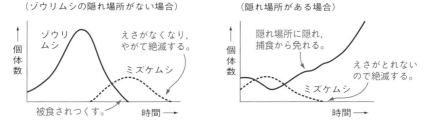

② 自然界での被食者と捕食者の関係…**周期的な変動**を示す。

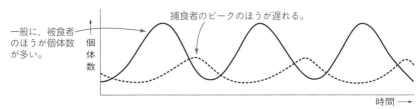

③ **擬態**：被食者が捕食者に対する適応として周りの風景や他の生物
と同じような模様や形を持つ。

補足　周りの風景に擬態して見つかりにくくする**カモフラージュ型の擬態**と，毒を持った
　　　り，味の悪い他の生物に擬態して捕食者から免れるようにする**標識型の擬態**がある。

3 **間接効果**――捕食や競争などの相互作用が直接関係する 2 種以外の
生物の影響を受けること。

例　ヨモギを主食とするアブラムシとヨモギハムシは種間競争の関係にある。アブラムシを
　　選択的に捕食するナナホシテントウの存在により直接影響を受けないヨモギハムシの個
　　体数が増加する。

利害関係を伴う 3 種類の関係を
例とともに覚えよう。

最重要
★★ 200

　もう一方の種が存在することによって利益がある場合○，害がある場合×，特に利益も
害もない場合は△で示すと，次のようになる。

① **相利共生**（ともに○）　例　根粒菌とマメ科植物，アリとアリマキ

② **片利共生**　例　カクレウオ(○)とナマコ(△)，コバンザメ(○)とサメ(△)

③ **寄生**　例　カイチュウ(○)とヒト(×)，ヤドリギ(○)と広葉樹(×)

☐ 1 少数の個体数から始まる時間経過に伴う個体群の大きさの変化を示したグラフを個体群の何というか。 ➡ 最重要 192

☐ 2 一定数の個体を捕獲して標識をつけてから放し，再び捕獲して標識個体の数を調べ，個体群の個体数を推定する方法を何というか。 ➡ 最重要 193

☐ 3 個体群密度の違いによる生物への影響を何というか。 ➡ 最重要 194

☐ 4 初期の個体群密度が違っても，最終的には面積あたりの植物の総重量がほぼ同じになるという法則を何というか。 ➡ 最重要 195

☐ 5 生命表の中の生存数の変化を示したグラフを何というか。 ➡ 最重要 196

☐ 6 集団生活において，明確な分業が見られる昆虫を何というか。 ➡ 最重要 197

☐ 7 鳥類や哺乳類で見られる，親以外で育児を助ける個体を何というか。 ➡ 最重要 197

☐ 8 共通する祖先を持つ個体間で，特定の遺伝子をともに持つ確率によって表される，2個体の遺伝的な近さを表す値を何というか。 ➡ 最重要 198

☐ 9 直接の子だけでなく，自らと共通した遺伝子を持つ個体の数まで考慮した場合の適応度を何というか。 ➡ 最重要 198

☐10 生態的地位(ニッチ)が類似しているとき，資源をめぐって種間競争が起こり，一方の種の個体数が著しく減少する。このような現象を何というか。 ➡ 最重要 199

☐11 ある生物の存在が，その生物と直接食う・食われるの関係や競争関係にない生物に及ぼす影響のことを何というか。 ➡ 最重要 199

☐12 2種の生物間で，ともに利益がある場合の関係を何というか。 ➡ 最重要 200

解答

1 成長曲線	2 標識再捕法	3 密度効果	4 最終収量一定の法則
5 生存曲線	6 社会性昆虫	7 ヘルパー	8 血縁度　9 包括適応度
10 競争的排除	11 間接効果	12 相利共生	

24 生態系と物質生産

201 生態系の構成をまとめて覚えよう！

1 一定地域に生息し，関係を及ぼしあっている個体群の集まりを
生物群集 という。　← 言葉の定義もよく問われる！

2 生物群集とそれを取り巻く **非生物的環境** を合わせたまとまりを
生態系 という。
　　　└─ 光，温度，水，大気など

① **作用** …環境から生物への働き

② **環境形成作用** …生物から環境
　　　　　　　　　　への働きかけ

③ **相互作用** …生物間の働きあい

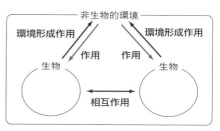

　　　┌─ 植物　　┌─ 植物食性動物　　┌─ 一次消費者の捕食者
3 生物を，**生産者**，**一次消費者**，**二次消費者**…，**分解者** のような栄養の取
り方によって分けた段階を **栄養段階** という。
　　　　　　　　　　　　　　　　　　└─ 細菌，菌類

解説 生産者，一次消費者，二次消費者…は被食者─捕食者相互関係によってつながって
いる。このような関係のつながりを**食物連鎖**という。自然界では被食者は複数の種
類の捕食者の餌となることが多く，食物連鎖の関係は非常に複雑な網目状をしている。
これを**食物網**という。

202 生態ピラミッドの3種類については，ピラミッドが逆転するかどうかと，その例を押さえよう。

1 **個体数ピラミッド**──大きな樹木が生産者で小型の昆虫が一次消費者の
ような場合は，ピラミッドが逆転する。◀── 寄生の宿主と寄生者の場合などでも。

2 **生物量ピラミッド**——生産者が植物プランクトンのような場合は，逆転することがある。

> その瞬間の生物量が一次消費者より少なくても
> どんどん増殖するので食いつくされない。

3 **生産力(生産速度)ピラミッド**——どんな場合でも逆転することはない。

> 解説 栄養段階を1つ進むと生産量は約10分の1になる。この値を**エネルギー効率**という。

生態系の物質収支については，次の図を
自分で描けるようにしておけば大丈夫！

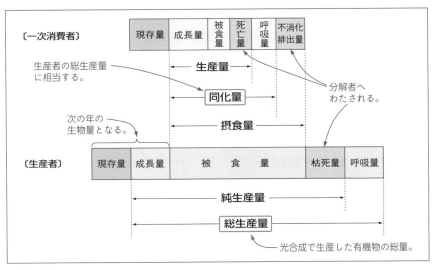

次の解説の文章を口に出して読みながら，白紙の紙に図を描く練習をしてみよう！

> 解説 ①**生産者について**　光合成で生産した有機物の総量を**総生産量**という。ここから呼吸量を引いたものが**純生産量**となる。純生産量から**枯死量**と**被食量**を引いた残りが**成長量**で，最初の生物量にこの成長量を加えたものが次の生物量(現存量)となる。
>
> ②**消費者について**　消費者は下位の栄養段階を食べた量が**摂食量**で，ここから**不消化排出量**(簡単に言えば「うんち」！)を引いた量が**同化量**。これが生産者では総生産量に相当する値で，同化量から呼吸量を引いたものが**生産量**(生産者の純生産量に相当)，生産量から死亡量(死滅量)と被食量を引いたものが**成長量**となる。

1 **(純)生産量**——生産者(植物)と消費者(動物)の違いに注意。

> 呼吸で有機物を消費するので，そのぶん引く。

生産者の純生産量＝総生産量－呼吸量

$$消費者の生産量＝摂食量－不消化排出量－呼吸量$$
（純生産量）　　　　　　　　　　　　　　　　　消化・吸収できなかった
　　　　　　　　　同化量　　　　　　ぶんは引く。

2 **成長量**──生物量（現存量）がどれだけ増えたか。生産者でも消費者でも同じ式で求められる。

生産者の場合，特に枯死量ともいう。

$$成長量＝（純）生産量－死亡量－被食量$$
$$＝次の年の生物量－前の年の生物量$$

動物も上位の消費者に食べられるから，そのぶん引く。

解説 成長量がゼロになれば生物量は変化しなくなる。

例 題 **生態系の物質収支**

ある年の初めにおける一次消費者の生物量（現存量）が **A**，1 年の終わりにおける現存量が **B** であった。この 1 年間の摂食量が **C**，呼吸量が **D**，死亡量が **E**，被食量が **F**，であった。

(1) 1 年間の成長量を，**A**～**F** のうちの適当なものを使って式で示せ。
(2) 1 年間の同化量を，**A**～**F** のうちの適当なものを使って式で示せ。
(3) 1 年間の不消化排出量を，**A**～**F** のうちの適当なものを使って式で示せ。

解説 **A**～**F** を次図に書き込んでみよう！また，同化量の幅を矢印で示してみよう！

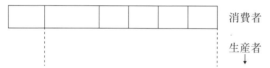

次のような図がかけただろうか。

(1) 1 年の最初が **A** で終わりが **B** なので，1 年間で増加した量は（**B**－**A**）。これが**成長量**である。
(2) **同化量＝摂食量－不消化排出量**だが，上図で同化量の幅は，成長量（**B**－**A**）＋被食量（**F**）＋死亡量（**E**）＋呼吸量（**D**）と表すことができる。
(3) **摂食量－同化量＝不消化排出量**なので，**C**－｛（**B**－**A**）＋**D**＋**E**＋**F**｝となる。

答 (1) **B**－**A** 　　(2) （**B**－**A**）＋**D**＋**E**＋**F**
(3) **C**－｛（**B**－**A**）＋**D**＋**E**＋**F**｝

遷移およびバイオームと物質生産の関係
がよく問われる。**次の3つ**のポイントをつかめ！

1 生産者の総生産量から生産者・消費者・分解者の呼吸量を引いた値を，**生物群集の純生産量**という。これは，生物全体の**成長量に等しい。**

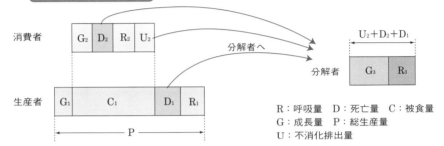

R：呼吸量　D：死亡量　C：被食量
G：成長量　P：総生産量
U：不消化排出量

補足　極相に達すると，この値はほぼゼロ。すなわち，生体量(現存量)は変化しなくなる。

2 森林の発達と物質生産のグラフ

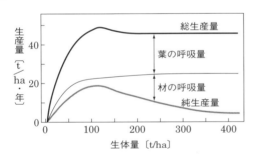

解説　葉の量が増えると総生産量は増加するが，葉の呼吸量も増加する。やがて，光合成を行わない幹や枝の部分(材)が増えるので，純生産量は徐々に減少する。さらに，枯死量も増加するため成長量はゼロに近づいていく。

3 バイオームと物質生産の関係

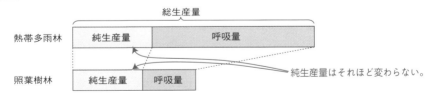

純生産量はそれほど変わらない。

解説　熱帯多雨林の総生産量は非常に大きいが，**気温が高いと呼吸も盛んになる**ので呼吸量も非常に大きい。したがって，純生産量については暖帯林とそれほど変わらない。
温暖多湿の場所ほど土壌中の有機物量は少ない。**➡(理由)** 分解者による有機物分解速度が大きいから。
よく出る！

植物の生活形では，環境との関係を押さえる。

1 **ラウンケルの生活形**——低温や乾燥の時期を耐える 休眠芽 (冬芽，抵抗芽)の地表面からの高さによって分類。

① 地 上 植 物 ：地上30 cm以上　例 サクラ，コブシ

② 地 表 植 物 ：地上30 cm以下　例 ヤブコウジ，シロツメクサ

③ 半地中植物 ：地表面に接する　例 タンポポ，スミレ

④ 地 中 植 物 ：地表に達しない　例 キキョウ，ヤマユリ

⑤ 一年生植物 ：種子(残りは枯れる)　例 イネ，ナス

2 冬の 低温 が非常に厳しい場所⇨ **半地中植物**の割合が多い。

　　　　　　　　　　　　└── 休眠芽が地表面に接している。

3 乾燥 が非常に厳しい場所⇨ **一年生植物**の割合が多い。

　　　　　　　　　　　　└── 冬期や乾期は種子ですごす。

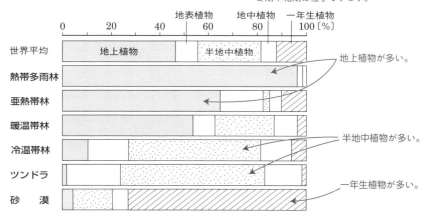

最重要
★★★ 206

生産構造図 では，**2タイプの葉のつき方の特徴**とその例を覚えよ！

1 調査方法 —— 層別刈取法

2 生産構造図

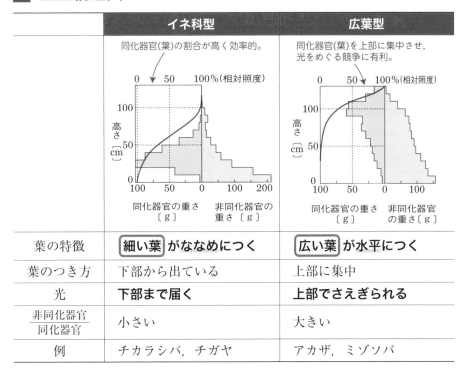

	イネ科型	広葉型
葉の特徴	細い葉 がななめにつく	広い葉 が水平につく
葉のつき方	下部から出ている	上部に集中
光	下部まで届く	上部でさえぎられる
非同化器官 / 同化器官	小さい	大きい
例	チカラシバ，チガヤ	アカザ，ミゾソバ

3 **葉面積指数**——一定の土地面積上に存在する葉の全面積をその土地の面積で割った値。何層の葉がその土地をおおっているかを示す。この値が大きいほうが物質生産には有利。

解説 イネ科型では比較的下部まで光が届き，下部でも光合成が行える。広葉型では，光合成はおもに上部でのみ行われ非同化器官の割合が高い。そのため，葉面積指数もイネ科型のほうが大きく，イネ科型のほうが物質生産には有利である。

物質循環とエネルギーの流れは 次の**3つのポイント**を押さえれば**OK**！

1 炭素の循環——炭素Cは，光合成によって二酸化炭素CO_2を固定する形で非生物的環境から取り込まれ，生物の間では，有機物の形で移動。

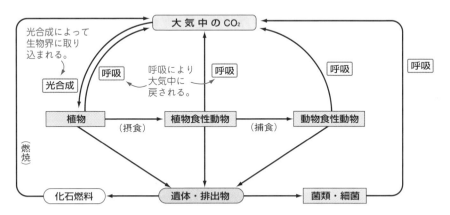

2 窒素の循環——窒素Nは，アミノ酸やタンパク質，DNA，ATPなどを構成する重要な元素である。

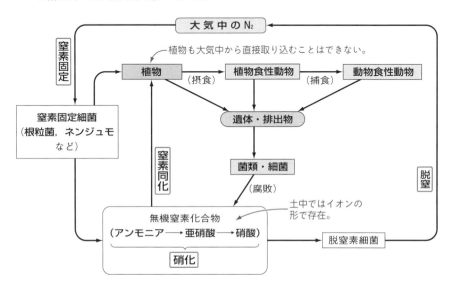

移動はする。

3 生態系を物質は循環するが，**エネルギーは循環しない。**

> **解説** 生態系のエネルギーの源は太陽の**光エネルギー**で，植物が行う光合成によって**化学エネルギー**として取り込まれる。エネルギーも有機物の形で生態系内を移動するが，いろいろな生命活動に利用されて最終的には**熱エネルギー**として生態系外へ放出され，生態系内を循環しない。

★★ **208** 植物の**窒素同化のストーリー**を次の図で覚えよう！

無機窒素化合物から有機窒素化合物を合成すること。

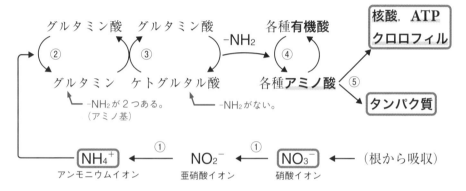

① 植物は根から主にNO_3^-(硝酸イオン)を吸収し，これをNO_2^-(亜硝酸イオン)に還元し，さらにNH_4^+(アンモニウムイオン)に還元する。

② 生じたNH_4^+はグルタミン酸と反応してグルタミンになる。

③ このグルタミンとケトグルタル酸が反応して，グルタミンはグルタミン酸に，ケトグルタル酸もグルタミン酸になる。

④ グルタミン酸が持つ**アミノ基**が**アミノ基転移酵素**の働きで，種々の有機酸に移されると，有機酸から**アミノ酸**が生じる。

〔アミノ基を順に受け渡していく。〕

⑤ アミノ酸は**ペプチド結合**して**タンパク質**になるほか，**核酸**や**ATP**，**クロロフィル**などの材料としても用いられる。

> **補足** 動物は無機窒素化合物からは窒素同化が行えないが，有機窒素化合物を食べ物として摂取し，これをアミノ酸にまで分解して他のアミノ酸につくりかえたり，自身に必要なタンパク質などの有機窒素化合物を合成する(**二次同化**という)。動物が自身の体内で他の物質から合成することができず，直接食物として摂取しなければならないアミノ酸を**必須アミノ酸**という。

窒素循環に関わる細菌ベスト7を覚えよう！

1 窒素固定細菌 4種類

┗━━ 窒素ガス(遊離の窒素：N_2)をアンモニアに還元すること。

① 根粒菌 ── マメ科植物の根に共生して窒素固定を行う細菌。

② アゾトバクター ── 単独で窒素固定を行う好気性細菌。

酸素を用いる呼吸を行う。 ━━┛

③ クロストリジウム ── 単独で窒素固定を行う嫌気性細菌。

酸素を用いない発酵を行う。 ━━┛

④ ネンジュモ ── 単独で窒素固定を行うシアノバクテリア。

補足 これら以外にも，ハンノキの根に共生する放線菌，光合成細菌である紅色硫黄細菌や緑色硫黄細菌(最重要87)，シアノバクテリアの一種であるアナベナも窒素固定を行うことができる。

2 硝化菌 2種類

① 亜硝酸菌 ：アンモニウムイオンを亜硝酸イオンに酸化

② 硝酸菌 ：亜硝酸イオンを硝酸イオンに酸化

いずれも化学合成細菌
(⇨最重要88)の一種。

3 脱窒に関与する細菌 ── 脱窒素細菌

┗━━ 硝酸イオンを遊離の窒素にする反応。

☐ 1 生物群集を取り巻く，光や水や大気などの環境を何というか。 ➡️ 最重要 201

☐ 2 生物を生産者，一次消費者，…のように栄養の取り方によって分けた段階を何というか。 ➡️ 最重要 201

☐ 3 個体数や生物量について，2 の下位のものから順に積み重ねた図を何というか。 ➡️ 最重要 202

☐ 4 総生産量から呼吸量を引いた値を何というか。 ➡️ 最重要 203

☐ 5 摂食量から不消化排出量を引いた値を何というか。 ➡️ 最重要 203

☐ 6 ラウンケルの生活形は何の位置によって植物を分類したものか。 ➡️ 最重要 205

☐ 7 植物の個体群における同化器官や非同化器官の分布を示した図を何というか。 ➡️ 最重要 206

☐ 8 7 において，光が下部まで届きやすいのはイネ科型と広葉型の植物のどちらか。 ➡️ 最重要 206

☐ 9 硝酸イオンを遊離の窒素にする反応を何というか。 ➡️ 最重要 207

☐ 10 窒素同化において，アンモニウムイオン NH_4^+ と最初に反応するアミノ酸は何か。 ➡️ 最重要 208

☐ 11 各種有機酸から各種アミノ酸を生成するときに働く酵素は何か。 ➡️ 最重要 208

☐ 12 遊離の窒素をアンモニアに還元する生物の働きを何というか。 ➡️ 最重要 207・209

☐ 13 12 が行える生物を次の中からすべて選べ。 ➡️ 最重要 209
　　ア 根粒菌　　イ アゾトバクター　　ウ ネンジュモ
　　エ 酵母　　オ 大腸菌

☐ 14 アンモニアを酸化し，化学合成を行う細菌は何か。 ➡️ 最重要 209

解答

1 非生物的環境　　2 栄養段階　　3 生態ピラミッド　　4 純生産量
5 同化量　　6 休眠芽(冬芽，抵抗芽)　　7 生産構造図　　8 イネ科型
9 脱窒　　10 グルタミン酸　　11 アミノ基転移酵素　　12 窒素固定
13 ア，イ，ウ　　14 亜硝酸菌

25 生態系と生物多様性

最重要 210 ★★★

３つのレベルの**多様性**を覚えよう。

1 **遺伝的**多様性──同種内における**遺伝子の多様性**。

> **解説** 遺伝的多様性が損なわれると環境の変化に対して個体群が全滅しやすくなる。

2 **種**多様性──生態系における**種の多様さ**。

> **解説** 生息する生物の種数が多く，各種の占める比率が偏らないとき種多様性が高いという。

3 **生態系**多様性──さまざまな環境に多様な生態系があること。

最重要 211 ★★★

かく乱(攪乱)については，次のポイントを押さえておけばよい。

1 **かく乱**──既存の生態系を破壊し生物に影響を与える要因。

> 例 台風，洪水，森林伐採，農薬散布

2 **中規模かく乱説**──中規模なかく乱がある程度の頻度で起こることで，特定の種に偏らず**多種の共存が可能**になる。

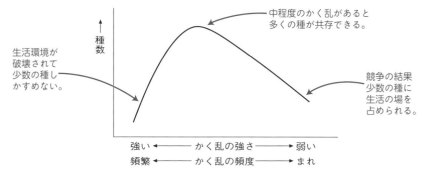

> **解説** 大規模なかく乱が起こると生態系が単純化し，当然種数が減少する。しかし，かく乱が起こらない状態が続いても，競争力の強い少数の種ばかりになり，種数は減少する。

212 地球温暖化は国際的に最重要視されている問題！

最重要

1 地球温暖化のしくみ

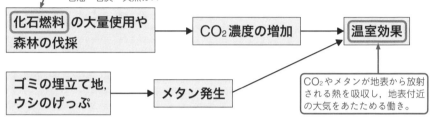

石油・石炭・天然ガス

| 化石燃料 の大量使用や 森林の伐採 | → | CO₂濃度の増加 | → | 温室効果 |

ゴミの埋立て地, ウシのげっぷ → メタン発生

CO₂やメタンが地表から放射される熱を吸収し,地表付近の大気をあたためる働き。

解説 CO₂やメタン(CH_4)のような温室効果の働きを持つ気体を**温室効果ガス**という。CO₂やメタン以外に,フロンも温室効果ガスの1つである。

2 地球温暖化による影響

① 海水面の上昇

氷山などの海上の氷の融解は海面上昇の原因ではない。

解説 海水温の上昇による海水の膨張や氷河の融解などによる。

② サンゴの**白化現象**

解説 海水温の上昇により,サンゴと共生していた藻類がサンゴから離れてしまう。その結果サンゴが死滅し,サンゴを利用していたさまざまな生物も生息できなくなる。

③ 昆虫などの分布域の変化による**伝染病の感染地域の拡大**

④ **気候変動**による**大雨**や**干ばつ**などの異常気象

⑤ 気温上昇に対応できない**植物の絶滅**

解説 高緯度に分布域を広げる前に現在の分布域で生育できなくなったり,高山に進出した低地の植物や動物によって在来の植物が絶滅したりする。

最重要

213 小規模になった個体群に絶滅を加速する「絶滅の渦」を押さえておこう。

★
★

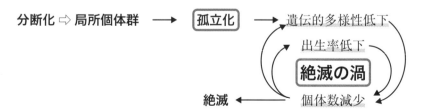

分断化 ⇨ 局所個体群 ⟶ 孤立化 ⟶ 遺伝的多様性低下

出生率低下

絶滅の渦

絶滅 ← 個体数減少

解説 局所個体群になると，近親交配の可能性が高まる。その結果生存に不利な遺伝子がホモ(⇨p.16)になり，表現型に現れ，環境に適応できない個体が生じる可能性が高くなる。これを**近交弱勢**という。

★
★ **最重要 214** ▶ | **絶滅危惧種** |に関しては次の**3点だけ**で**OK！**

1 | **レッドリスト** |——絶滅危惧種を絶滅の危険度ごとに挙げたリスト。

2 | **レッドデータブック** |——レッドリストに生態，分布，絶滅の要因などのデータを加えてまとめたもの。

3 **ワシントン条約**——絶滅危惧種の国際取引に関する条約。

★
★ **最重要 215** **外来生物の定義**と**代表例**を押さえよう！
★

故意でも故意でなくても。

1 { | **外来生物** |——**人間活動によって本来の生息場所から別の場所に持ち込まれ**，その場所で定着した生物。

{ | **在来生物** |——その地域に古くから生息している生物。

解説 外国由来の生物に限らず国内の移動でも，人為的に別の生息場所から持ち込まれた生物は外来生物に該当する。

2 { **侵略的外来生物**——生態系や人間の生活に大きな影響を与える，またはそのおそれがある外来生物。

{ | **特定外来生物** | ——侵略的外来生物のうち，環境省が**外来生物法**によって栽培や飼育，輸入，生体の移動を禁止したもの。

解説 外来生物法が定める特定外来生物はおもに明治以降に外国から日本に移入された種を対象とする。

3 **特定外来生物の代表例**

{ 植物——ボタンウキクサ，オオキンケイギク

{ 動物——オオクチバス，ブルーギル，フイリマングース，アライグマ，グリーンアノール，ヒアリ

生態系の保全について次の4点を押さえよう！

1 湿地(湿原・湖沼・**干潟**・水田・マングローブ林・サンゴ礁)の保全

「多くの生物が生息し**多様性を保っている**。
「**水の浄化能力**が高い。

⇨ これらの消失により多様性が失われ，自然浄化の働きが失われる。

⇨ **ラムサール条約**(渡り鳥の中継地や生息地となる湿地の保全と利用を目的とする)

2 **里山**の再評価——人間の関与による多様性の維持。
 └── 人里とその周辺の農地や雑木林など

解説 燃料や肥料にするための雑木林の適度な伐採や下草刈りなどといった適度なかく乱により，多様な生物が生息する環境が維持されてきた。しかし化石燃料や化学肥料の普及，人口の減少などで雑木林が放置され，遷移が進み，多様性が低下している。
 └── 陰樹林の中は暗く，生育できる植物の種が比較的少なくなる。

3 生態系から受けている恩恵を**生態系サービス**といい，次の4つがある。
 └── 生態系を保全しなければならない理由。

① **基盤サービス**——以下の3つの生態系サービスを支える基盤。
  例 光合成による酸素供給，土壌形成，栄養循環

② **供給サービス**——水や食料，原材料などの供給。

③ **調節サービス**——住む環境の調整と安定。
  例 気候調整(植生による気温変化の緩和など)，水質浄化

④ **文化的サービス**——自然景観，森林浴でのリフレッシュなど。

4 **環境アセスメント**——開発が，どの程度生態系に影響を及ぼすかの事前調査と評価。

☐ 1 生物多様性のうち，同種内における遺伝子の多様性のことを何というか。 ➡ 最重要 210

☐ 2 台風や洪水，森林伐採など，既存の生態系を破壊し，生物に影響を与える要因を何というか。 ➡ 最重要 211

☐ 3 生態系においてある程度の **2** があるほうが多種の共存が可能になるという考え方を何というか。 ➡ 最重要 211

☐ 4 ある種の気体が地表から放射される熱を吸収し，地表付近の大気を温める働きを何というか。 ➡ 最重要 212

☐ 5 地球温暖化の影響で，サンゴに共生していた藻類がサンゴから離れてしまう現象を何というか。 ➡ 最重要 212

☐ 6 個体数が一定以上減少すると，遺伝的多様性が低下したり出生率が低下したりしてますます個体数が減少し，加速的に絶滅へと向かってしまう。このような現象を何というか。 ➡ 最重要 213

☐ 7 絶滅のおそれがある野生生物を挙げたリストをもとに，絶滅の要因や分布などを加えてまとめた本を何というか。 ➡ 最重要 214

☐ 8 人間活動によって，本来の生息場所から別の場所に持ち込まれ，その場所で定着した生物を何というか。 ➡ 最重要 215

☐ 9 環境省が法律で，栽培・飼育，輸入，生体の移動などを禁止している **8** を特に何というか。 ➡ 最重要 215

☐10 人里とその周辺の農地や雑木林などの地域一帯を何というか。 ➡ 最重要 216

☐11 開発が，どの程度生態系に影響を及ぼすかについての事前調査と評価のことを何というか。 ➡ 最重要 216

解答

1 遺伝的多様性　　　2 かく乱　　　3 中規模かく乱説　　4 温室効果
5 (サンゴの)白化現象　6 絶滅の渦　　　7 レッドデータブック
8 外来生物　　　　　9 特定外来生物　　10 里山　　11 環境アセスメント

第 6 章　章末チェック問題

□ **1** 個体群密度が高くなると，個体数の増加が抑えられる要因を3つ挙げよ。　➡ 最重要 192

□ **2** 標識再捕法が適応できる条件を4つ挙げよ。　➡ 最重要 193

□ **3** 群れをつくる利点を3つ挙げよ。　➡ 最重要 197

□ **4** 間接効果とはどのような現象か説明せよ。　➡ 最重要 199

□ **5** ふつう生態ピラミッドはピラミッド型になるが，個体数ピラミッドで生産者よりも一次消費者の個体数が多くなり，ピラミッドが逆転する場合がある。具体的にどのような場合か。　➡ 最重要 202

□ **6** 生産者の純生産量は総生産量−呼吸量で示されるが，これを次の用語の中から必要なものだけを選んで，別の式で表せ。
用語：現存量　成長量　被食量　枯死量　呼吸量　不消化排出量　➡ 最重要 203

□ **7** 熱帯多雨林の面積あたりの総生産量は照葉樹林の総生産量よりも非常に大きい。しかし純生産量についてはそれほど変わらない。この理由は何か。　➡ 最重要 204

□ **8** 植物が根から吸収したNO_3^-から最終的にアミノ酸が生じるまでの経路を，次の用語をすべて用いて説明せよ。
用語：NO_3^-　NO_2^-　NH_4^+　還元　グルタミン酸　グルタミン　ケトグルタル酸　有機酸　アミノ酸　アミノ基転移酵素　➡ 最重要 208

□ **9** 生態系サービスを大きく4つに分け，それぞれの名称を答えよ。　➡ 最重要 216

1 ①食べ物の不足
　②生活空間の不足
　③排出物の蓄積などによる環境の悪化

2 ①標識個体と非標識個体で，死亡や捕獲率に差がないこと。
　②標識個体が，もとの集団内にランダムに分散すること。
　③他の集団との間に移出・移入がないこと。
　④調査期間に個体数の変動がないこと。

3 ①食べ物の確保が容易になる。
　②外敵に対する警戒や対応が容易になる。
　③配偶者を得やすい。

4 ある生物の存在が，その生物と直接食う・食われるの関係や競争関係のない生物に影響を及ぼすこと。

5 生産者が大きな樹木で，一次消費者が小型昆虫の場合。

6 成長量＋被食量＋枯死量

7 熱帯多雨林のほうが気温が高く，生産者の呼吸量が大きいから。

8 NO_3^-はNO_2^-さらにNH_4^+に還元される。NH_4^+はグルタミン酸と反応してグルタミンになる。グルタミンはケトグルタル酸と反応してグルタミン酸に戻る。グルタミン酸が持つアミノ基がアミノ基転移酵素によって種々の有機酸に移され，種々のアミノ酸が生じる。

9 ①基盤サービス
　②供給サービス
　③調節サービス
　④文化的サービス

索引

②

《著者紹介》

■大森徹（おおもり・とおる）

　駿台予備学校にて主に関西地区の講義と，映像放送サテネットを担当。「生物が苦手な人に生物が得意で大好きになってもらう」をモットーに，わかりやすくポイントを押さえた講義と書籍で圧倒的な人気とキャリアを誇る。

　主な著作『大森徹の最強講義126講生物』『共通テストはこれだけ！生物基礎』『大森徹の最強問題集159問生物』（いずれも文英堂），『大森徹の入試生物の講義』『基礎問題精講生物』（旺文社），『理系標準問題集生物』（駿台文庫），『共通テストが1冊でしっかりわかる本』（かんき出版）

□ 編集協力　岩本伸一　南昌宏

□ 本文デザイン　二ノ宮 匡（ニクスインク）

□ 図版作成　㈲デザインスタジオエキス，甲斐美奈子

シグマベスト
**大学入試
生物の最重要知識
スピードチェック**

本書の内容を無断で複写（コピー）・複製・転載することを禁じます。また，私的使用であっても，第三者に依頼して電子的に複製すること（スキャンやデジタル化等）は，著作権法上，認められていません。

編　者　大森　徹

発行者　益井英郎

印刷所　中村印刷株式会社

発行所　株式会社文英堂

〒601-8121　京都市南区上鳥羽大物町28
〒162-0832　東京都新宿区岩戸町17
（代表）03-3269-4231